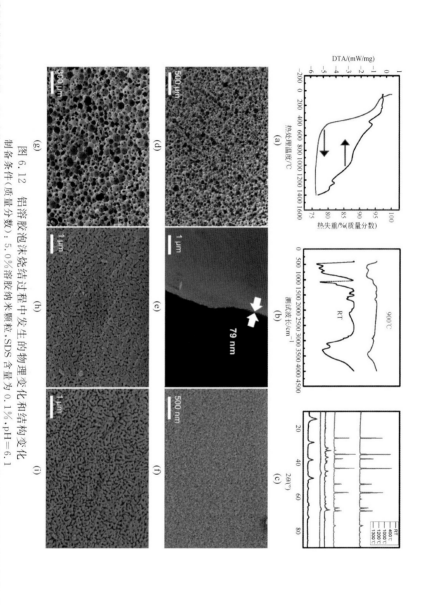

图 6.12　铝溶胶泡沫烧结过程中发生的物理变化和结构变化

(a) 质量变化和差热分析；(b) 未烧结铝溶胶泡沫和 900℃ 烧结的 Al₂O₃ 泡沫的红外吸收光谱；(c) 铝溶胶在 400℃、1000℃、1200℃ 和 1300℃ 烧结后的 XRD 图谱；(d)～(f) 1200℃ 烧结后的 Al₂O₃ 泡沫的 SEM 照片；(g)～(i) 1300℃ 烧结后的 Al₂O₃ 泡沫的 SEM 照片

制备条件(质量分数)：5.0%溶胶纳米颗粒.SDS 含量为 0.1%.pH=6.1

清华大学优秀博士学位论文丛书

颗粒稳定泡沫法制备
新型泡沫陶瓷及其性能研究

霍文龙（Huo Wenlong）著

Fabrication and Properties of Novel Ceramic Foams based
on Particle-stabilized Foams

清华大学出版社
北 京

内 容 简 介

轻质高强泡沫陶瓷材料是一种重要的结构材料和功能材料,具有轻量化特点和独特的孔结构,在越来越多的工程技术领域发挥着重要作用。低成本制备高气孔率且孔结构可调控的新型泡沫材料以适用于更多应用场合逐渐成为研究热点。本书采用成本低廉、工艺简单易行、普适性强的颗粒稳定泡沫技术,选用十二烷基硫酸钠(SDS)作为颗粒疏水修饰剂制备了超稳定的泡沫浆料,通过成分和微观结构优化制备出力学性能优异的超轻泡沫陶瓷。在提升材料气孔率水平和力学性能的同时,研究并揭示了材料强化机理,可以为新材料显微结构的设计和调控提供指导。

本书适合高校和科研院所材料科学与工程等相关专业的师生以及相关领域的技术人员阅读参考。

图书在版编目(CIP)数据

颗粒稳定泡沫法制备新型泡沫陶瓷及其性能研究/霍文龙著.—北京:清华大学出版社,2020.11

(清华大学优秀博士学位论文丛书)

ISBN 978-7-302-56522-2

Ⅰ. ①颗… Ⅱ. ①霍… Ⅲ. ①泡沫陶瓷-研究 Ⅳ. ①TQ174.75

中国版本图书馆 CIP 数据核字(2020)第 182924 号

责任编辑:王 倩
封面设计:傅瑞学
责任校对:刘玉霞
责任印制:宋 林

出版发行:清华大学出版社
    网　　址:http://www.tup.com.cn,http://www.wqbook.com
    地　　址:北京清华大学学研大厦 A 座　　邮　　编:100084
    社 总 机:010-62770175　　邮　　购:010-62786544
    投稿与读者服务:010-62776969,c-service@tup.tsinghua.edu.cn
    质量反馈:010-62772015,zhiliang@tup.tsinghua.edu.cn
印 装 者:三河市铭诚印务有限公司
经　　销:全国新华书店
开　　本:155mm×235mm　　印　　张:9.5　　插　页:1　　字　　数:159千字
版　　次:2020 年 12 月第 1 版　　印　　次:2020 年 12 月第 1 次印刷
定　　价:79.00 元

产品编号:088845-01

一流博士生教育
体现一流大学人才培养的高度（代丛书序）①

　　人才培养是大学的根本任务。只有培养出一流人才的高校，才能够成为世界一流大学。本科教育是培养一流人才最重要的基础，是一流大学的底色，体现了学校的传统和特色。博士生教育是学历教育的最高层次，体现出一所大学人才培养的高度，代表着一个国家的人才培养水平。清华大学正在全面推进综合改革，深化教育教学改革，探索建立完善的博士生选拔培养机制，不断提升博士生培养质量。

学术精神的培养是博士生教育的根本

　　学术精神是大学精神的重要组成部分，是学者与学术群体在学术活动中坚守的价值准则。大学对学术精神的追求，反映了一所大学对学术的重视、对真理的热爱和对功利性目标的摒弃。博士生教育要培养有志于追求学术的人，其根本在于学术精神的培养。

　　无论古今中外，博士这一称号都和学问、学术紧密联系在一起，和知识探索密切相关。我国的博士一词起源于2000多年前的战国时期，是一种学官名。博士任职者负责保管文献档案、编撰著述，须知识渊博并负有传授学问的职责。东汉学者应劭在《汉官仪》中写道："博者，通博古今；士者，辩于然否。"后来，人们逐渐把精通某种职业的专门人才称为博士。博士作为一种学位，最早产生于12世纪，最初它是加入教师行会的一种资格证书。19世纪初，德国柏林大学成立，其哲学院取代了以往神学院在大学中的地位，在大学发展的历史上首次产生了由哲学院授予的哲学博士学位，并赋予了哲学博士深层次的教育内涵，即推崇学术自由、创造新知识。哲学博士的设立标志着现代博士生教育的开端，博士则被定义为独立从事学术研究、具备创造新知识能力的人，是学术精神的传承者和光大者。

① 本文首发于《光明日报》，2017年12月5日。

博士生学习期间是培养学术精神最重要的阶段。博士生需要接受严谨的学术训练,开展深入的学术研究,并通过发表学术论文、参与学术活动及博士论文答辩等环节,证明自身的学术能力。更重要的是,博士生要培养学术志趣,把对学术的热爱融入生命之中,把捍卫真理作为毕生的追求。博士生更要学会如何面对干扰和诱惑,远离功利,保持安静、从容的心态。学术精神,特别是其中所蕴含的科学理性精神、学术奉献精神,不仅对博士生未来的学术事业至关重要,对博士生一生的发展都大有裨益。

独创性和批判性思维是博士生最重要的素质

博士生需要具备很多素质,包括逻辑推理、言语表达、沟通协作等,但是最重要的素质是独创性和批判性思维。

学术重视传承,但更看重突破和创新。博士生作为学术事业的后备力量,要立志于追求独创性。独创意味着独立和创造,没有独立精神,往往很难产生创造性的成果。1929 年 6 月 3 日,在清华大学国学院导师王国维逝世二周年之际,国学院师生为纪念这位杰出的学者,募款修造"海宁王静安先生纪念碑",同为国学院导师的陈寅恪先生撰写了碑铭,其中写道:"先生之著述,或有时而不章;先生之学说,或有时而可商;惟此独立之精神,自由之思想,历千万祀,与天壤而同久,共三光而永光。"这是对于一位学者的极高评价。中国著名的史学家、文学家司马迁所讲的"究天人之际,通古今之变,成一家之言"也是强调要在古今贯通中形成自己独立的见解,并努力达到新的高度。博士生应该以"独立之精神、自由之思想"来要求自己,不断创造新的学术成果。

诺贝尔物理学奖获得者杨振宁先生曾在 20 世纪 80 年代初对到访纽约州立大学石溪分校的 90 多名中国学生、学者提出:"独创性是科学工作者最重要的素质。"杨先生主张做研究的人一定要有独创的精神、独到的见解和独立研究的能力。在科技如此发达的今天,学术上的独创性变得越来越难,也愈加珍贵和重要。博士生要树立敢为天下先的志向,在独创性上下功夫,勇于挑战最前沿的科学问题。

批判性思维是一种遵循逻辑规则、不断质疑和反省的思维方式,具有批判性思维的人勇于挑战自己,敢于挑战权威。批判性思维的缺乏往往被认为是中国学生特有的弱项,也是我们在博士生培养方面存在的一个普遍问题。2001 年,美国卡内基基金会开展了一项"卡内基博士生教育创新计划",针对博士生教育进行调研,并发布了研究报告。该报告指出:在美国和欧洲,培养学生保持批判而质疑的眼光看待自己、同行和导师的观点同样非常不容易,批判性思维的培养必须成为博士生培养项目的组成部分。

对于博士生而言,批判性思维的养成要从如何面对权威开始。为了鼓励学生质疑学术权威、挑战现有学术范式,培养学生的挑战精神和创新能力,清华大学在2013年发起"巅峰对话",由学生自主邀请各学科领域具有国际影响力的学术大师与清华学生同台对话。该活动迄今已经举办了21期,先后邀请17位诺贝尔奖、3位图灵奖、1位菲尔兹奖获得者参与对话。诺贝尔化学奖得主巴里·夏普莱斯(Barry Sharpless)在2013年11月来清华参加"巅峰对话"时,对于清华学生的质疑精神印象深刻。他在接受媒体采访时谈道:"清华的学生无所畏惧,请原谅我的措辞,但他们真的很有胆量。"这是我听到的对清华学生的最高评价,博士生就应该具备这样的勇气和能力。培养批判性思维更难的一层是要有勇气不断否定自己,有一种不断超越自己的精神。爱因斯坦说:"在真理的认识方面,任何以权威自居的人,必将在上帝的嬉笑中垮台。"这句名言应该成为每一位从事学术研究的博士生的箴言。

提高博士生培养质量有赖于构建全方位的博士生教育体系

一流的博士生教育要有一流的教育理念,需要构建全方位的教育体系,把教育理念落实到博士生培养的各个环节中。

在博士生选拔方面,不能简单按考分录取,而是要侧重评价学术志趣和创新潜力。知识结构固然重要,但学术志趣和创新潜力更关键,考分不能完全反映学生的学术潜质。清华大学在经过多年试点探索的基础上,于2016年开始全面实行博士生招生"申请-审核"制,从原来的按照考试分数招收博士生,转变为按科研创新能力、专业学术潜质招收,并给予院系、学科、导师更大的自主权。《清华大学"申请-审核"制实施办法》明晰了导师和院系在考核、遴选和推荐上的权力和职责,同时确定了规范的流程及监管要求。

在博士生指导教师资格确认方面,不能论资排辈,要更看重教师的学术活力及研究工作的前沿性。博士生教育质量的提升关键在于教师,要让更多、更优秀的教师参与到博士生教育中来。清华大学从2009年开始探索将博士生导师评定权下放到各学位评定分委员会,允许评聘一部分优秀副教授担任博士生导师。近年来,学校在推进教师人事制度改革过程中,明确教研系列助理教授可以独立指导博士生,让富有创造活力的青年教师指导优秀的青年学生,师生相互促进、共同成长。

在促进博士生交流方面，要努力突破学科领域的界限，注重搭建跨学科的平台。跨学科交流是激发博士生学术创造力的重要途径，博士生要努力提升在交叉学科领域开展科研工作的能力。清华大学于 2014 年创办了"微沙龙"平台，同学们可以通过微信平台随时发布学术话题，寻觅学术伙伴。3 年来，博士生参与和发起"微沙龙"12 000 多场，参与博士生达 38 000 多人次。"微沙龙"促进了不同学科学生之间的思想碰撞，激发了同学们的学术志趣。清华于 2002 年创办了博士生论坛，论坛由同学自己组织，师生共同参与。博士生论坛持续举办了 500 期，开展了 18 000 多场学术报告，切实起到了师生互动、教学相长、学科交融、促进交流的作用。学校积极资助博士生到世界一流大学开展交流与合作研究，超过 60% 的博士生有海外访学经历。清华于 2011 年设立了发展中国家博士生项目，鼓励学生到发展中国家亲身体验和调研，在全球化背景下研究发展中国家的各类问题。

在博士学位评定方面，权力要进一步下放，学术判断应该由各领域的学者来负责。院系二级学术单位应该在评定博士论文水平上拥有更多的权力，也应担负更多的责任。清华大学从 2015 年开始把学位论文的评审职责授权给各学位评定分委员会，学位论文质量和学位评审过程主要由各学位分委员会进行把关，校学位委员会负责学位管理整体工作，负责制度建设和争议事项处理。

全面提高人才培养能力是建设世界一流大学的核心。博士生培养质量的提升是大学办学质量提升的重要标志。我们要高度重视、充分发挥博士生教育的战略性、引领性作用，面向世界、勇于进取，树立自信、保持特色，不断推动一流大学的人才培养迈向新的高度。

邱勇

清华大学校长

2017 年 12 月 5 日

丛书序二

以学术型人才培养为主的博士生教育,肩负着培养具有国际竞争力的高层次学术创新人才的重任,是国家发展战略的重要组成部分,是清华大学人才培养的重中之重。

作为首批设立研究生院的高校,清华大学自 20 世纪 80 年代初开始,立足国家和社会需要,结合校内实际情况,不断推动博士生教育改革。为了提供适宜博士生成长的学术环境,我校一方面不断地营造浓厚的学术氛围,一方面大力推动培养模式创新探索。我校从多年前就已开始运行一系列博士生培养专项基金和特色项目,激励博士生潜心学术、锐意创新,拓宽博士生的国际视野,倡导跨学科研究与交流,不断提升博士生培养质量。

博士生是最具创造力的学术研究新生力量,思维活跃,求真求实。他们在导师的指导下进入本领域研究前沿,吸取本领域最新的研究成果,拓宽人类的认知边界,不断取得创新性成果。这套优秀博士学位论文丛书,不仅是我校博士生研究工作前沿成果的体现,也是我校博士生学术精神传承和光大的体现。

这套丛书的每一篇论文均来自学校新近每年评选的校级优秀博士学位论文。为了鼓励创新,激励优秀的博士生脱颖而出,同时激励导师悉心指导,我校评选校级优秀博士学位论文已有 20 多年。评选出的优秀博士学位论文代表了我校各学科最优秀的博士学位论文的水平。为了传播优秀的博士学位论文成果,更好地推动学术交流与学科建设,促进博士生未来发展和成长,清华大学研究生院与清华大学出版社合作出版这些优秀的博士学位论文。

感谢清华大学出版社,悉心地为每位作者提供专业、细致的写作和出版指导,使这些博士论文以专著方式呈现在读者面前,促进了这些最新的优秀研究成果的快速广泛传播。相信本套丛书的出版可以为国内外各相关领域或交叉领域的在读研究生和科研人员提供有益的参考,为相关学科领域的发展和优秀科研成果的转化起到积极的推动作用。

感谢丛书作者的导师们。这些优秀的博士学位论文,从选题、研究到成文,离不开导师的精心指导。我校优秀的师生导学传统,成就了一项项优秀的研究成果,成就了一大批青年学者,也成就了清华的学术研究。感谢导师们为每篇论文精心撰写序言,帮助读者更好地理解论文。

感谢丛书的作者们。他们优秀的学术成果,连同鲜活的思想、创新的精神、严谨的学风,都为致力于学术研究的后来者树立了榜样。他们本着精益求精的精神,对论文进行了细致的修改完善,使之在具备科学性、前沿性的同时,更具系统性和可读性。

这套丛书涵盖清华众多学科,从论文的选题能够感受到作者们积极参与国家重大战略、社会发展问题、新兴产业创新等的研究热情,能够感受到作者们的国际视野和人文情怀。相信这些年轻作者们勇于承担学术创新重任的社会责任感能够感染和带动越来越多的博士生,将论文书写在祖国的大地上。

祝愿丛书的作者们、读者们和所有从事学术研究的同行们在未来的道路上坚持梦想,百折不挠! 在服务国家、奉献社会和造福人类的事业中不断创新,做新时代的引领者。

相信每一位读者在阅读这一本本学术著作的时候,在吸取学术创新成果、享受学术之美的同时,能够将其中所蕴含的科学理性精神和学术奉献精神传播和发扬出去。

清华大学研究生院院长

2018 年 1 月 5 日

导师序言

    霍文龙是中国矿业大学(北京)免试推荐到我课题组攻读博士学位的直博生,他之前的专业是矿物加工工程,和材料工程专业还是有一些差距的。他进入清华大学攻读博士学位期间,非常勤奋刻苦,肯于钻研,几乎每天都是最后一个离开实验室。前期也存在"摸不着头脑"的时候,但是很快由于他的勤奋在超轻泡沫陶瓷方面取得突破。

    霍文龙在攻读博士学位期间,成功研发制备了气孔率可以达到 99% 以上,可与气凝胶相媲美的轻质材料。之后,他在科研上付出的努力得到了回报,也让他深深地热爱上了科研工作,并先后发明了采用 Al 粉原位空心化技术制备烧结不收缩的高强度 Al_2O_3 泡沫陶瓷;通过介孔氧化硅纳米空心球成功制备了比表面积高达 $1\,700m^2/g$ 的泡沫材料,具有比活性炭更好的 VOC 吸附性能;通过 DIW 打印泡沫制备了 3D 轻质陶瓷材料,实现了具有复杂形状和精细宏观结构泡沫陶瓷材料的制备。这些成果先后在著名的国际刊物发表。

    霍文龙在博士四年级上半年获得了前往瑞士联邦理工大学 Andre 教授课题组合作研究半年的机会,他工作努力、认真勤奋,获得 Andre 教授和 Lena 博士的肯定,并且合作发表两篇文章。在校期间,我的课题组每年都会分配一些硕士生或者本科毕业生给他安排指导实验工作,他总是安排周到、细致入微,所指导学生的研究成果均被 SCI 和 EI 收录,这表明他具有独立开展科研工作的能力。科研之余,他还担任清华大学材料学院研究生团委副书记和党支部组织委员,他也酷爱足球,帮助材料学院获得了清华大学足球联赛亚军等多个荣誉,还获得社会实践一等奖和国家奖学金等荣誉。

    此外,霍文龙在攻读博士学位期间,以第一作者身份发表 SCI 文章 15 篇,以第二作者和第三作者身份合作发表 SCI 论文 14 篇,申请中国发明专利 11 项。其中一篇文章被《美国陶瓷学报》(J Am Ceram Soc)评选为 2018 年 15 篇全球最佳论文(Best Papers)之一,有两篇文章还成为美国陶瓷学报的封面文章,并且在毕业之际被评为北京市优秀毕业生,其学位论文被评为清华大学优秀博士学位论文。在博士研究生阶段取得这么多的成绩，在国际顶尖大学也是少有的，这表明霍文龙同学从事科研工作的潜力，也是清华大学在博士研究生培养过程中强调"质量第一"政策的具体体现，同时也是我国在研究生培养和教育中的一个缩影。

　　清华大学出版社邀我为本书写序，我欣然应允，一方面是因为霍文龙直博五年取得的成绩来之不易，另一方面也是因为清华大学一直强调培养高质量研究生政策取得显著成绩。最后，感谢清华大学出版社为出版本书付出的努力，也祝贺霍文龙博士在未来的工作中以国家重大战略需求为抓手，勤奋努力，只争朝夕，不负韶华，取得更好的成绩。

杨金龙

清华大学材料学院

2020 年 5 月 19 日于清华园

摘　要

　　轻质高强泡沫陶瓷材料是一种重要的结构材料和功能材料,具有轻量化特点和独特的孔结构,在越来越多的工程技术领域发挥着重要作用。低成本制备高气孔率且孔结构可调控的新型泡沫材料以满足更多应用场合成为研究热点。本书采用成本低廉、工艺简便易行、普适性强的颗粒稳定泡沫技术,选用十二烷基硫酸钠(sodium dodecyl sulfate,SDS)作为颗粒疏水修饰剂制备超稳定的泡沫浆料,通过成分和微观结构优化制备力学性能优异的超轻泡沫陶瓷。主要创新结果如下。

　　选用长链表面活性剂 SDS 同时作为发泡剂及颗粒疏水化修饰剂,制备得到超稳定的 Al_2O_3 和 ZrO_2 泡沫浆料。本书研究了 SDS 在陶瓷颗粒表面的吸附特性,阐明了颗粒表面修饰改性机制及泡沫稳定影响因素。本书完善和发展了颗粒稳定泡沫机理:在国际上首次揭示了颗粒 zeta 电位对泡沫稳定性的影响规律,论证并解释了以长链表面活性剂修饰粉体表面并在等电点制备稳定的颗粒均匀组装泡沫陶瓷材料的可行性。

　　基于超稳定泡沫浆料,首次制备了气孔率高达 99% 的 Al_2O_3 和 ZrO_2 泡沫陶瓷,并提出了三种增强泡沫坯体材料的措施;系统地研究了泡沫陶瓷性能的调控方法,以及 SDS 添加量、固相含量和烧结温度等因素对泡沫陶瓷的影响机制;揭示了泡沫陶瓷的孔形貌、力学性能与气孔率的关系。

　　采用铝溶胶作为原料,通过调控固相含量成功制备了:①具有纳米尺度孔壁,气孔率和比表面积可与气凝胶媲美的泡沫材料;②具有多级孔结构、力学性能优异的 Al_2O_3 泡沫陶瓷。本书系统研究了烧结过程中孔结构的演变过程及该体系材料的保温性能和吸附能力,阐明了这种多级孔轻质陶瓷材料力学性能的强化机制。

　　为实现形状复杂、结构精细的泡沫陶瓷材料的制备,研究并优化了泡沫浆料流变特性,创新性地结合浆料直写成型技术制备了复杂形状泡沫陶瓷材料。此外，还研究了具有光固化特性的陶瓷颗粒稳定泡沫浆料/乳液的制备，探讨了颗粒疏水性和水油两相比例对颗粒稳定乳液相结构的影响规律，为光固化打印 3D 轻质泡沫陶瓷提供了基础性材料。

关键词：颗粒稳定泡沫法；泡沫陶瓷；孔结构；气孔率；力学性能

Abstract

Ceramic foams which are well known as important structural and functional materials due to their light weight and unique pore structure are playing indispensable role in more and more engineering and technology fields. Therefore, it has been a research hotspot to prepare new foam materials with low cost, high porosity and adjustable pore structure to meetmore application demand. In this book, stable colloidal foams have been prepared via particle-stabilized foams with long chain surfactant sodium dodecyl sulfate (SDS), based on which we have further fabricated a variety of novel ceramic foam materials with high porosity level and significantly improved mechanical properties by optimizing composition and microstructure. The main innovative results are listed as follows.

SDS has been employed as both foaming agent and hydrophobic modifier of ceramic powders to prepare ultrastable alumina and zirconia foams. The adsorption ability of SDS on ceramic particles, hydrophobicity of modified particles, and foam stability have been studied. The foam stabilization mechanism has been further developed, which has revealed the influence of particle zeta potential on foam stability and the feasibility of preparing stable foams with uniform wall by modifying powder with long chain surfactant at the isoelectric point (IEP).

Alumina and zirconia ceramic foams with porosity up to 99% have been prepared based on the obtained stable foams. The strength enhancement of ultraligh dried foams has been explored by three kinds of approaches. The effects of SDS concentration, solid loading and sintering temperature on performance of ceramic foams have been systematically investigated. The pore morphology and mechanical properties affected by porosity level have also been studied.

Boehmite has been employed as starting material for the first time to successfully fabricate: ①aerogel-like foams with nano-scale thickness wall and ultrahigh specific surface area that are comparable to aerogel; ②ceramic foams with hierarchical pore structure and excellent mechanical strength. The evolution of pore structure during sintering has been researched. The thermal insulation performance and adsorption capacity have been studied, and the strengthening mechanism has been clarified.

In order to achieve the fabrication of ceramic foam materials with complex geometries and fine structures, the rheological properties and printability of colloidal foams have been studied and optimized. The 3D lightweight ceramics have been printed by direct writing foams, which allow for the shape design lightweight ceramic foam materials. In addition, novel ceramic particle stabilized foam/emulsion with photocurable properties have been proposed and prepared. The influence of particle hydrophobicity and water/oil ratio on the phase structure of particle stabilized emulsion has been investigated, which potentially provides the theoretical foundation and data support for 3D printing lightweight ceramics via stereolithography apparatus (SLA) printing technique.

Key words: particle-stabilized foams; ceramic foams; pore structure; porosity; mechanical property

目　录

第1章 绪 论

1.1 研 究 背 景

泡沫陶瓷也称多孔陶瓷,是一类具有一定数量和尺寸的孔隙结构的陶瓷材料。泡沫陶瓷结合了陶瓷材料和泡沫材料的优势,不仅具有体积密度小、比表面积大,对气体和液体介质具有选择透过性、能量吸收和阻尼的特性,还具有陶瓷材料固有的耐腐蚀、耐高温、尺寸稳定性高和优异的化学稳定性[1-6]等性能。泡沫陶瓷的制备工艺直接决定了其组织结构,进而对其综合性能产生了至关重要的影响,最终决定了其应用领域。而高新技术对泡沫陶瓷性能提出的越来越高的要求促进了制备工艺的发展。

浆料直接发泡法是一种成本低廉、简便易行、更易于制备高气孔率泡沫陶瓷的方法。近10年来迅速发展的颗粒稳定泡沫法赋予了泡沫浆料超稳定的特性,无须采用其他手段辅助泡沫的固化,通过直接干燥即可获得均匀、完整的气孔结构[7.8]。目前,该方法正处于快速发展阶段,然而颗粒稳定泡沫机理还有诸多影响因素尚未解释清楚,并且所得泡沫陶瓷的结构、性能较为单一,难以体现该工艺的优势。

基于颗粒稳定泡沫技术具有能够简单直接地制备均匀、稳定、高气孔率且结构优异的泡沫陶瓷的优势,优选合适的颗粒表面疏水化修饰剂制备稳定泡沫,研究颗粒稳定泡沫机理及影响因素是颗粒稳定泡沫陶瓷制备的基础。现阶段,泡沫陶瓷的气孔率、力学性能的改善及比表面积的提升、孔结构的调控和优化、多功能的整合以及进一步拓宽其应用领域成为研究热点。系统地研究粉体疏水化修饰剂种类及添加量、原料粉体种类、浆料固相含量及烧结工艺等因素对泡沫陶瓷材料的影响规律以调控优化泡沫陶瓷的微观结构及材料的综合性能,进而结合其他成型工艺以实现泡沫陶瓷的力学、热学和电学等多功能一体化以及复杂零部件的制备,获得高性能泡沫陶瓷成为该领域的研究热点,也是亟须解决的重点和难点。

1.2　泡沫陶瓷分类及应用

1.2.1　泡沫陶瓷分类

泡沫陶瓷根据孔径尺度、气孔结构、气孔率水平和骨架成分等可以进行多种划分,见图 1.1。泡沫陶瓷按孔径大小可分为微孔材料(小于 2 nm)、介孔材料(2~50 nm)和宏孔材料(大于 50 nm)。具有微孔和介孔结构的泡沫陶瓷具有较高的比表面积。根据气孔的结构形式可以把泡沫陶瓷分为闭口气孔型泡沫陶瓷和开口气孔型泡沫陶瓷。闭口气孔结构是指陶瓷材料内部的孔洞分布在连续的陶瓷基体中,孔与孔之间并不连续,而是相互分离;开口气孔结构指陶瓷材料内部孔与孔之间是相互连通的。开口气孔结构因为流体的可渗透性可以用在过滤分离、催化剂载体等领域;闭口气孔结构因为封闭的气孔从而具有较高的强度和优异的保温隔热性能。

根据气孔率水平的高低,可将泡沫陶瓷分为中低气孔率泡沫陶瓷和高气孔率泡沫陶瓷。中低气孔率材料的孔隙多为封闭型,高孔隙材料则随孔的形貌和连续固相形态呈现出二维蜂窝材料、三维开孔泡沫材料和三维闭孔泡沫材料三种形式。考虑到泡沫陶瓷的骨料材质,也可以将泡沫陶瓷分为刚玉泡沫陶瓷、硅藻土质泡沫陶瓷、铝硅酸盐质泡沫陶瓷和金刚砂质泡沫陶瓷等。

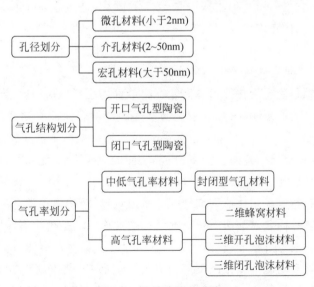

图 1.1　泡沫陶瓷的分类

1.2.2 泡沫陶瓷的主要应用

泡沫陶瓷的应用领域广泛,主要在保温耐火材料、催化载体、气体/液体过滤、透波材料、轻质结构材料、生物材料、吸声减震、净化分离和传感器材料等领域具有广泛的应用[9-13]。下面着重介绍几种典型的应用场景。

过滤净化[14]:开孔泡沫陶瓷作为一种新型高效过滤器,因过滤面积大、过滤效率高、抗金属冲刷以及抗热震性优良和化学稳定性优异等特点获得了广泛关注。在钢铸造工业及工业铸件等领域,利用开孔泡沫陶瓷提纯金属液可以提高铸件工艺出品率、降低铸件废品率、改善机械性能。特别是近年来对食品包装、电子元件、电线用铝、铜性能的不断提升极大地促进了开孔泡沫陶瓷在铸造业的应用。泡沫陶瓷过滤非金属夹杂物需满足两个条件:一是过滤器要有良好的抗热震性和足够高的机械强度;二是高温下泡沫陶瓷不会与所过滤的金属发生反应。

隔热材料[15]:陶瓷基体中存在的大量封闭气孔减少了热量传播中的对流效应,使热传递效率大大降低。因此闭孔结构的泡沫陶瓷具有导热系数低和抗热震性能优良等特性,是一种理想的高温隔热材料。典型耐热材料,如保温耐火砖,使用温度可高达 1600℃,其热传导系数低,具有较小的体积热容和巨大的热阻,是工业上重要的保温隔热材料,常被用作各种窑炉的炉衬材料。

吸声材料[16]:泡沫陶瓷可作为电影院、音乐厅、大会堂以及车间、工厂等室内的地面、墙面、顶棚等部位的吸声材料。泡沫陶瓷因为其内部存在的大量连通微小孔隙从而具有良好的吸声特性。当声波进入泡沫陶瓷的孔隙后,引起空气分子与孔壁的黏滞和摩擦,部分声能转化为热能被吸收,从而起到了吸声的作用。结构精细、相互连通的孔隙结构往往具有更好的吸声效果。特别是在腐蚀介质、高温等场合,泡沫陶瓷材料具有其他吸声材料无法替代的优势。

催化剂载体:泡沫陶瓷由于具有高比表面积、高硬度、较高的比强度及耐高温和耐腐蚀等特性,成为一类重要的催化剂载体。其中应用最广泛的是蜂窝状的堇青石陶瓷载体。泡沫陶瓷的基体材料本身既可以具有催化特性,比如氧化铈、氧化钛和氧化锌等,也可以将匹配的催化剂负载在其表面。目前人们一致认为使用泡沫陶瓷制造的汽车尾气净化器和微粒捕捉器是控制汽车尾气排放的最为有效的方法[17]。目前世界上超过 90% 的车用催化器载体都是泡沫陶瓷,它具有良好的催化活性和吸附能力,同时还具有优良的耐化学腐蚀性和抗热震性。

1.3　泡沫陶瓷的性能

泡沫陶瓷在军用、民用及高新技术等领域均具有广阔的应用空间,具体应用场合受泡沫陶瓷综合性能的制约。对泡沫陶瓷而言,最主要的性能是气孔率、孔形貌、力学性能、导热系数和抗热震性能等。

针对不同领域的不同需求,对泡沫陶瓷进行性能调控的侧重点也有所差别。例如,当泡沫陶瓷用作轻质保温和耐火材料时,气孔率和导热系数是最受关注的性能指标;当其应用于过滤、吸附和催化剂载体时,比表面积、渗透阻力和孔径分布则是重要考量的指标。

1.3.1　气孔率

气孔率以单位体积陶瓷材料内的气孔体积百分数表示,是用作表征陶瓷材料致密程度的常见参数,是泡沫陶瓷最基本也是最重要的性能指标之一,它决定了材料的轻量化程度。气孔率可分为总气孔率、开口气孔率和闭口气孔率。总气孔率是闭口气孔率与开口气孔率之和。一般泡沫陶瓷的气孔率主要通过几何法和阿基米德排液法测得体积密度,进而计算气孔率,如公式(1-1)所示:

$$P = \left(1 - \frac{D_b}{D_t}\right) \times 100\%　　　　　　　(1-1)$$

式中,P 为气孔率,D_b 为泡沫陶瓷的体积密度,D_t 为陶瓷的真密度。气孔率几乎影响了泡沫陶瓷的所有性能,特别是体积密度、强度、热导率和抗热震性等。一般来说,气孔率增大会造成强度下降,这是由固体截面积减少而导致的实际应力增大以及引起的应力集中所致。

一般而言,高气孔率的泡沫陶瓷材料因引入了更多气相结构得以充分发挥其结构优势,从而具有更低的密度和更高的比表面积,也具备了更为优异的隔热和过滤等性能。气孔率增大能显著降低热导率,因此,提高气孔率是优化泡沫陶瓷材料保温性能的最直接途径。此外,气相的引入也能够提高低介电常数相所占比例,使得泡沫陶瓷的介电常数随着气孔率的升高而降低,有利于提高材料的透波性能。

1.3.2　力学性能

对于结构陶瓷而言,力学性能是影响泡沫陶瓷应用的重要指标,一般选用抗弯强度或抗压强度进行评价。对于气孔率较低的泡沫陶瓷,其力学性能一般用抗弯强度进行衡量;对于高气孔率的泡沫陶瓷而言,一般气孔率高于 80％时,其力学性能主要用抗压强度来衡量。抗压强度主要与泡沫陶瓷的气孔率有关,同时也受孔结构的影响。对于特定孔结构的泡沫陶瓷而言,强度一般会随气孔率的提高而降低。在同等气孔率的情况下,具有闭孔结构的泡沫陶瓷的强度要高于具有开孔结构的泡沫陶瓷。在诸多表达泡沫陶瓷强度与气孔率之间关系的数学模型中,Rice 模型是比较常用的预测泡沫陶瓷强度的有效模型,如公式(1-2)所示:

$$\sigma = \sigma_0 \exp(-bP) \tag{1-2}$$

式中,σ 为泡沫陶瓷样品的强度,σ_0 为致密试样的强度,b 为材料常数,P 为气孔率。从式(1-2)可以看出,泡沫陶瓷材料的强度随着气孔率的升高大致呈现指数下降的趋势。通过对比几种常用的制备方法所获得的 Al_2O_3 泡沫陶瓷的抗压强度可知[8],当泡沫陶瓷的气孔率高于 90％时,其抗压强度急剧下降。

颗粒稳定泡沫法制备的泡沫陶瓷往往具有较高的气孔率,基于 Rice 模型不难得出,高气孔率泡沫陶瓷的力学性能需要进一步完善才能满足某些领域对于承载能力的需求。Ahmad 等[18]通过浸涂浆料的方法使泡沫陶瓷表面复合一层致密陶瓷。结果表明,通过多次浸涂后,烧结可以获得泡沫/致密层复合结构,有效地提高了泡沫陶瓷的强度。

1.4 泡沫陶瓷制备工艺

泡沫陶瓷的成分组成、气孔率水平和孔结构(开口/闭口、孔径分布、孔形貌)等因素决定了泡沫陶瓷的综合性能,进而决定了泡沫陶瓷的应用范围。而泡沫陶瓷制备工艺的选取对泡沫陶瓷材料微观结构的调控及优化起到了至关重要的作用。常见的泡沫陶瓷制备工艺包括以下几种[8]。

1.4.1 挤出成型工艺

挤出成型工艺的基本流程包括原料粉体炼混、挤出成型、泥料干燥和坯体烧结等几个主要步骤。其中,挤出成型是核心工序,而对挤出成型工艺所用模具进行性能优化是该工艺的关键。将制备好的泥浆通过一种具有蜂窝网格结构的模具挤出成型,再经过烧结即可得到典型的大孔径和直通孔结构的泡沫陶瓷。

　　目前世界上利用挤出成型方法规模化生产泡沫陶瓷的公司主要是美国的 Selee 公司和 Astro 公司,他们采用浸渍辊压成型工艺,坯体采用微波干燥工艺,利用计算机监控高温辊道窑实现连续烧成,整个生产工艺已经达到了非常高的自动化水平。这种成型工艺目前可用于汽车尾气催化剂载体的制备,具有快速高效、良品率高和通透性强的特点。

1.4.2　有机泡沫浸渍法

　　有机泡沫浸渍法[19]是以具有三维开孔网状骨架结构的有机泡沫(也称作聚合物海绵)为模板,将陶瓷料浆均匀地涂覆在有机泡沫上,干燥后的坯体在高温下烧结,排除有机泡沫载体,从而得到孔洞与有机泡沫结构一致的网眼型泡沫陶瓷,工艺路线如图 1.2 所示。利用该工艺可以制备具有不同气孔率、孔径尺寸和化学组分的泡沫陶瓷,因此成为制备高度开孔和大孔陶瓷的首选方法。有机泡沫浸渍法常用的模板有合成模板和天然模板两类,合成模板有聚合物泡沫和碳泡沫等,常用的天然模板有木制品和珊瑚等。Wu 等[20]通过多次涂覆工艺制备了高气孔率的网状 $\gamma\text{-}Y_2Si_2O_7$ 泡沫陶瓷。

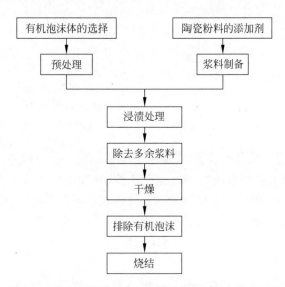

图 1.2　利用有机泡沫浸渍法制备泡沫陶瓷的工艺路线

　　通过有机泡沫浸渍法制备的泡沫陶瓷为典型的连通孔型结构。调控陶瓷浆料的流变性能是该工艺的关键,在提高浆料固相含量的前提下降低浆料的黏度有利于浆料在有机泡沫表面的均匀浸渍涂覆。该方法可以通过对模板/陶瓷前驱体的选择有效调控最终制品的组分及形貌,工艺简单且成本较低。该方法可制备具有连通孔、气孔率偏高的泡沫陶瓷材料,其缺点是陶瓷骨架上很容易产生裂纹,从而导致制品力学性能的弱化。此外,这种方法需要较长的排胶过程来去除有机模板,不仅增加了能耗,还容易造成环境污染,不符合节能减排的理念。值得注意的是,所选用模板的孔尺寸过低会导致陶瓷浆料堵塞网孔,因此制备的泡沫陶瓷孔径尺寸存在下限,这种方法得到的制品孔径一般为 $200 \sim 700~\mu m$。

1.4.3 添加造孔剂法

添加造孔剂法[21,22]通过在陶瓷配料中添加一定比例的造孔剂以使造孔剂能够在坯体中占据一定的空间,然后通过在烧结过程中挥发或燃尽这些占据了空间的造孔剂使陶瓷基体内出现孔洞,从而得到泡沫陶瓷。添加造孔剂法[8]主要包括混料、成型和烧结三个步骤。通常选用易排除、与基体不反应且无有害残留的物质作为造孔剂[23-25]。

常用的造孔剂包括碳粉、煤粉、聚乙烯醇缩丁醛、聚甲基丙烯酸甲酯、硬脂酸、甲基纤维素和尿素以及碳酸铵、氯化铵和碳酸氢铵等可分解的盐类等。添加造孔剂法的优势是可以通过调节造孔剂的尺寸、形状和加入量等对泡沫陶瓷的孔形貌和孔分布进行有效调控,工艺简便易行并且可控性较高。这种方法可以制备气孔结构各异的制品,但气孔率水平一般不会太高,介于 $20\% \sim 80\%$,孔径尺寸介于 $1 \sim 700~\mu m$。

值得注意的是,造孔剂在基体中的分散问题是需要解决的一个技术难点,如果分散不均匀或者发生团聚将会造成制品中孔分布不均匀、产生缺陷和力学性能弱化等问题。此外,一些造孔剂在烧结过程中排除不够彻底会导致杂质残留,也会在一定程度上影响制品的性能[9]。

1.4.4 直接发泡法

直接发泡法通过机械搅拌或添加发泡剂等方式将气体引入到陶瓷浆料中,产生气-液两相泡沫浆料,再通过干燥和烧结制得泡沫陶瓷[26,27]。相比其他方法,直接发泡法更易于控制产品的形状、成分和密度,工艺也更为简单。采用该方法制备泡沫陶瓷的关键在于稳定的泡沫浆料的制备以及泡沫固化过程的调控[28]。直接发泡法具有成本低廉、工艺简单等优点,利于工业化生产,可以制备气孔率较高的开孔结构或闭孔结构泡沫陶瓷。泡沫稳定性和发泡能力受制于体系组分等诸多因素的影响,因此需要合理地调控浆料的性能和发泡工艺以达到最优的发泡效果。

1.4.5　空心球法

空心球是 20 世纪 50 年代迅速发展起来的一类中空微粒材料,在电绝缘、石油开采、航空航天及军工领域均有广泛应用[29,30]。利用陶瓷空心球自身的孔洞作为气孔来源成为近年来逐渐发展起来的一种制备泡沫陶瓷的新方法[31-33]。

该方法主要具有以下优势[34,35]:环境友好、孔径可调性强及无其他杂质引入。通过空心球组分的调控实现对泡沫陶瓷的掺杂改性,可有效防止坯体的变形收缩。Sanders 等[36,37]发现空心球法所制备的泡沫陶瓷具有优异的力学性能,并提出空心球的球形孔结构可以有效地改善材料的机械性能的理论。

Qian 等[38]采用莫来石粉和粉煤灰空心球作为原料,结合凝胶注模工艺制备了莫来石空心球泡沫陶瓷,制品的气孔率为 48.1%～72.2%,其具有低导热率[0.16～0.22 W/(m・K)],低密度(0.84～1.64 g/cm³)和较高的抗压强度(6.21～14.70 MPa)。Huo 等[31]用粉煤灰空心球分别通过直接堆积烧结和凝胶注模工艺制备了轻质高强莫来石泡沫陶瓷(见图 1.3),其气孔率水平较高(可高达 75% 以上),力学性能非常优异。

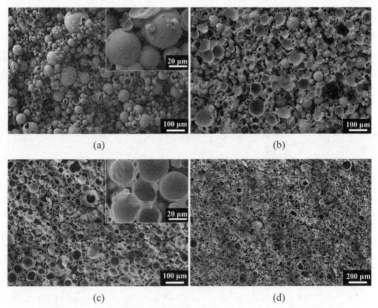

图 1.3　直接堆积烧结粉煤灰空心球制备莫来石泡沫陶瓷[31]
(a)～(d)为不同放大倍率的 SEM 照片(插图展示了空心球之间的界面结合情况)
(e)为空心球泡沫陶瓷的宏观照片

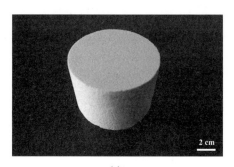

(e)

图 1.3(续)

利用空心球制备的泡沫陶瓷气孔率和力学性能如表 1.1 所示。从表中的抗压强度和抗弯强度可以看出,利用空心球法制备的具有球形孔结构的泡沫陶瓷具有较为优异的力学性能。因此,这种以空心球作为主要原料制备泡沫陶瓷的方式正在成为一种越来越重要的泡沫陶瓷制备方法。

表 1.1 空心球法制备泡沫陶瓷的气孔率和力学性能

空心球法所得多孔陶瓷	气孔率/%	抗压强度/MPa	抗弯强度/MPa
Al_2O_3 空心球制备 Al_2O_3 空心球陶瓷[39]	59	6.9	—
以 SiO_2 粉体及 FASHs 为原料制备多孔 SiO_2 基陶瓷[34]	63	—	14.5
以 Si_3N_4 粉体及 FASHs 为原料制备多孔 Si_3N_4/Si_2N_2O 陶瓷[40]	67.4	—	21
以 Al_2O_3 粉体及 FASHs 为原料制备多孔莫来石陶瓷[38]	72.2	6.2	—
SiO_2 空心球制备多孔 SiO_2 陶瓷[41]	64	4.8	—
采用空心球及添加剂制备多孔 SiO_2 基陶瓷[42]	74.2	5.4	—
SiO_2 聚空心球制备多孔 SiO_2 陶瓷[33]	65.1	8.3	—
FASHs 为原料制备莫来石泡沫陶瓷[31]	73.9	33.9	9.6

1.4.6 冷冻干燥法

冷冻干燥法[43,44]将陶瓷浆料沿着单一方向进行冷冻,使液相在热传递的反方向进行结晶,从而把陶瓷粉体固定在结晶相之间,随后在低真空条件下升华凝固相,最后通过烧结得到具有定向孔道结构的泡沫陶瓷,其基本流程如图 1.4 所示。对溶剂结晶的各向异性截面动力学进行调控是该方法的研究热点,它是调控泡沫陶瓷孔结构和孔形貌的关键。

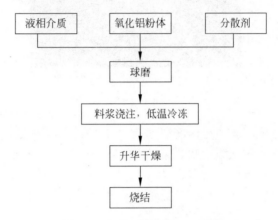

图 1.4　冷冻干燥法的基本流程

　　目前这种材料已经被应用于生物材料和过滤等领域。冷冻干燥法一般多采用水和叔丁醇等作为溶剂,以聚乙二醇和甘油等作为添加剂调控层片状的孔洞结构。此外,孔形貌还可以通过浆料固相含量(一般为 5.0%～60.0%,体积分数)、浆料流变性、冷冻速率及冷冻温度等工艺参数来调控[45]。

1.4.7　3D 打印

　　三维打印技术,即 3D 打印技术,也称增材制造技术,是一种不需要模具的快速成型技术,其成型产品具有复杂度高和多样化等特点。3D 打印以数字模型文件为基础,运用金属粉末、陶瓷粉体或塑料等可黏合原料,基于逐层打印的方式来制备材料。对于陶瓷材料而言,常用的 3D 打印成型技术主要包括激光选区烧结、立体印刷成型、浆料直写成型、融化覆盖成型和层片叠加成型等[46]。

　　传统陶瓷材料常采用模具成型技术实现材料宏观形状的控制,但是无法制备具有精细结构和复杂形状,特别是具有镂空结构的零部件。3D 打印技术解决了复杂形状材料制备的问题,在工业设计及模具制造等领域被广泛应用,并逐渐用于一些产品的直接制造。目前,3D 打印已经用于制备具有支架叠层组装而成的大孔结构的陶瓷材料,这些材料大多具有致密骨架结构,而运用 3D 打印技术制备具有泡沫骨架结构的陶瓷部件的研究还比较少。

Minas 等[47]率先提出了利用 3D 打印技术成型多级孔陶瓷的概念,他们利用浆料直写成型技术打印颗粒稳定乳液,获得的陶瓷材料由于稳定乳液的逐层堆积具备毫米级大孔,同时还具有乳液赋予的微米级小孔,实现了具有多尺度孔结构泡沫陶瓷的制备[47]。他们的研究结果表明,利用 3D 打印制备的多级孔陶瓷材料具有更好的综合性能,特别是优异的力学性能。

1.4.8　其他工艺

除了上述几种主要工艺外,还可通过其他方法制备泡沫陶瓷,如自蔓延高温合成工艺;陶瓷纤维法,即利用陶瓷纤维架构成三维孔洞结构;水热-热静压法,即通过水作为压力传递介质制备泡沫陶瓷;化学气相渗透法,即将陶瓷渗透沉积到多孔骨架得到泡沫陶瓷等。由此可见,不同方法制备的泡沫陶瓷有各自的特点,在成本、工艺复杂性及自动化程度等方面各有利弊,材料的孔结构(包括气孔率、孔形貌、孔径尺寸、孔分布)等也各有特色。

此外,不同造孔方法的结合以及造孔方法与其他成型工艺之间的结合又衍生了更多的新型制备工艺,如直接发泡法与冷冻干燥工艺的结合、造孔剂法与凝胶注模成型的结合、发泡法与造孔剂法的结合等[8]。总体而言,减少添加剂用量、降低生产成本、避免选用有毒体系、实现孔结构的多层次调控、获得综合性能优异的泡沫陶瓷是研究重点。因此,改进泡沫陶瓷制备工艺、提高泡沫陶瓷性能以及研发制备新型泡沫陶瓷材料成为近年来的发展趋势。

1.5　颗粒稳定泡沫机理及研究现状

1.5.1　颗粒稳定泡沫机理

前面提到,直接发泡法相比其他方法,更易于制备高气孔率泡沫陶瓷,制备工艺相对简单,而该方法的关键在于对陶瓷泡沫浆料稳定性的调控。由于浆料中引入气泡后气-液界面的面积增加,表面能升高,进而形成了热力学不稳定体系,并且气体密度低于液体会产生逸出趋势,使得泡沫会发生排液、气泡合并(液膜破裂)和奥斯瓦尔德熟化等现象,从而降低了体系的自由能。通过加入表面活性剂、蛋白质等物质可以提高陶瓷泡沫浆料的稳定性。但是,这些泡沫对于制备泡沫陶瓷而言还不够稳定[8,26],通常采用凝胶手段等方法辅助泡沫浆料的固化以保留住气孔结构。

　　瑞士苏黎世联邦理工大学的 Gauckler 教授课题组提出了一种新型的陶瓷泡沫浆料的制备方法,他们采用短链两亲分子(碳链长度达几个碳原子,如丁酸、戊酸等)修饰氧化物颗粒表面,使颗粒表面具有部分疏水性,在机械搅拌的作用下,制备了超稳定的颗粒稳定泡沫浆料[48,49]。由于颗粒相对于表面活性剂分子具有更大的吸附能,因此会不可逆地吸附在气-液界面上[48]。能量较高的气-液界面被能量较低的固-液和固-气界面取代后,泡沫体系的能量大大降低,使得气泡可以达到一种超稳定的状态,这种泡沫结构能稳定保持几个小时甚至几年以上。由于泡沫的超稳定性,足以抵制气泡的破裂、排液、歧化和奥斯瓦尔德熟化等不稳定因素,无须附加凝胶等固化手段使其固化,简化了制备工艺流程,因而成为一种有潜力的泡沫陶瓷的制备方法,即颗粒稳定泡沫法。

　　颗粒稳定泡沫法的机理大致如下[48]:颗粒通过在表面吸附两亲分子可以改善自身的疏水性,这是最常用的提高粉体表面疏水性的方式。具有部分疏水性的陶瓷粉体不可逆地吸附在气-液界面上,使泡沫足够稳定以抵制泡沫的歧化、合并、破裂等不稳定因素。不同气泡单元之间相互挤压支撑,最终获得了气-液界面由固体颗粒覆盖的稳定的气-液-固三维网络泡沫结构。

1.5.2　泡沫稳定性的影响因素

　　实际上,颗粒稳定泡沫的制备需要非常严苛的条件[49-53]。泡沫体系的稳定性与颗粒性质之间有很大关系,颗粒在气-液界面的吸附位置和颗粒的尺寸是决定泡沫稳定性的最主要因素[54-57]。图 1.5 描述了颗粒吸附位置与颗粒接触角(也称润湿角)的关系,接触角在 90°左右的颗粒有利于其在气-液界面的稳定吸附。总结已报道的颗粒稳定泡沫,可以发现修饰后的陶瓷颗粒的接触角多为 30°~120°,颗粒的粒径为 30 nm~3 μm[58]。

　　泡沫浆料的稳定性是制备优质泡沫陶瓷的关键,除了直观地观察泡沫的稳定性外,建立评估泡沫稳定性的数学模型也具有重要意义。Vivaldini

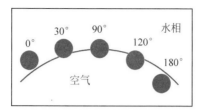

图 1.5 颗粒在气-液界面状态与接触角之间的关系

等[59]建立了吸附在气-液界面的颗粒吸附能数学表达,通过吸附能的大小可以评价泡沫稳定性,如公式(1-3)所示:

$$界面稳定性 = G_{ads}/(K_B T) = \pi R_P^2 \gamma (1 \pm \cos\theta)^2/(K_B T) \qquad (1\text{-}3)$$

式中,G_{ads} 为吸附能,K_B 为玻尔兹曼常数,R_P 为颗粒半径,γ 为浆料表面张力,θ 为颗粒接触角,T 为温度。他们还对泡沫的稳定性与颗粒半径之间的关系进行了探讨[59]。结果表明,通过适当增加颗粒的尺寸、调控润湿角在90°附近和降低体系温度等方式可以有效提高泡沫浆料的稳定性。

一般情况下,陶瓷颗粒尤其是氧化物陶瓷,都具有很高的亲水性,通过合适的短链两亲分子或表面活性剂修饰可以显著提高颗粒表面的疏水程度。其疏水程度的改善情况主要取决于颗粒表面吸附两亲分子的多少和分子的碳链长度,陶瓷粉体的疏水程度随着修饰分子的吸附量以及分子的碳链长度的增加而增加。

两亲分子和表面活性剂对陶瓷颗粒表面的疏水化修饰作用具有高度特异性。由于陶瓷颗粒表面的成分、电荷及粗糙度等差异,对于特定的粉体只有选择适合的、倾向吸附到粉体表面且可以实现疏水化修饰的分子才能制备颗粒稳定泡沫。因此研究两亲分子和表面活性剂在粉体表面的吸附机制是颗粒稳定泡沫法制备泡沫陶瓷的关键。

两亲分子和表面活性剂分子与陶瓷颗粒之间的吸附作用主要与粉体表面的化学性质有关。氧化物陶瓷粉体表面的羟基在不同的 pH 值下会发生质子化或去质子化作用而带电,利用粉体表面电荷与两亲分子之间的静电引力可以实现吸附。此外,粉体表面和分子间的化学反应也是一种重要的修饰方法。当 pH 值大于等电点(isoelectric point,IEP)时,粉体通过去质子化作用而带负电;反之,通过质子化而带正电。带正电的粉体可以用带负电,如含官能团—COOH⁻ 的有机分子进行修饰;带负电的粉体可以用带正电,如含有官能团—NH₄⁺ 的有机分子进行修饰。对于电中性的颗粒而言,可以利用表面羟基与没食子酸丙酯(propyl gallate,PG)之间的反应来提高疏水性。

除泡沫的稳定性之外,浆料的发泡能力(即浆料的发泡倍率)也是泡沫浆料重要的性能指标。发泡倍率指浆料发泡后的体积与浆料原始体积之比,其直接决定了干燥、烧结后泡沫陶瓷的气孔率。通过总结泡沫稳定性与浆料发泡倍率的关系不难看出[59],只有当泡沫的稳定性达到一定程度时浆料才可以起泡,此后发泡倍率随着稳定性的提高而升高,最终趋于稳定。

浆料的黏度和表面张力对浆料的发泡倍率有很大的影响。在多数情况下,适当地降低表面张力和浆料的黏度有利于提高浆料的发泡能力。需要特别指出的是,上述分析只是对文献报道的常态规律进行总结,实际上陶瓷泡沫浆料的稳定性和起泡性能的影响因素及影响机制非常复杂。陶瓷泡沫浆料的性能通常受多种因素的综合影响,并且不同影响因素之间也可能相互影响,因此要结合具体情况进行分析。

1.5.3　颗粒稳定泡沫法制备泡沫陶瓷的研究现状

Gauckler 教授课题组在颗粒稳定泡沫法制备泡沫陶瓷方面开展了大量的研究工作[60,61],他们采用短链两亲分子包括丙酸、丁酸、戊酸和没食子酸丙酯等制备了 Al_2O_3 颗粒稳定泡沫及 ZrO_2 颗粒稳定泡沫,用没食子酸丙酯制备了磷酸钙颗粒稳定泡沫,用己胺制备了 SiO_2 稳定泡沫,并通过烧结制备获得了多种轻质泡沫陶瓷。他们系统研究了颗粒尺寸、浆料的固相含量、两亲分子的添加量及浆料黏度等对气泡尺寸及泡沫陶瓷孔径和气孔率的影响。此外,还研究了不同干燥方式对泡沫陶瓷裂纹数量的影响,发现均匀单向干燥是避免产生裂纹的有效方法。

Chuanuwatanakul 等[62]以磺酸盐为两亲分子,以 Al_2O_3 为原料,研究了磺酸盐的碳链长度和浓度对 Al_2O_3 疏水修饰后的润湿角以及泡沫陶瓷结构的影响规律。他们的研究结果得出粉体的疏水性随着碳链长度的增加和分子吸附量的增加而增加,以及过高的粉体疏水性不利于泡沫浆料稳定的结论。

Sciamanna 等[63]选用 25%～40%(体积分数)的 Al_2O_3(中值粒径为 0.41 μm)浆料和不同浓度的丁酸制备出气孔率 25%～89%,中值孔径为 20～140 μm 的闭孔 Al_2O_3 泡沫陶瓷,其中气孔率为 25%～80% 的泡沫陶瓷通过激光闪射法测得其室温导热系数为 3～17 W/(m·K)。

Tallon 等[64]采用中值粒径为 0.3 μm 的 Al_2O_3 粉体和不同浓度的正

丁烷磺酸钠、正庚烷磺酸钠、正癸烷磺酸钠为表面活性剂结合颗粒稳定泡沫法和凝胶注模法制备了气孔率为 65%～93% 的 Al_2O_3 泡沫陶瓷,其中大孔的孔径为 300 μm,抗压强度为 16 MPa,小孔孔径为 100～150 μm,抗压强度可达 57 MPa。他们通过控制表面活性剂的含量有效地调控了 Al_2O_3 泡沫陶瓷的气孔率。

颗粒稳定泡沫法因为具有工艺简单、环境友好、气孔率高与比强度高的特点,成为一种非常有潜力的泡沫陶瓷的制备方法,因此引起了越来越多的关注。但是该方法目前还有很多问题和难点需要解决,如短链两亲分子(戊酸、丁酸、己胺等)具有较强的毒性及很强的挥发性。另外,尽管国际上对颗粒稳定泡沫及性能影响因素进行了较为广泛的研究,但是颗粒稳定泡沫理论知识仍不完善。

对于泡沫陶瓷而言,力学性能是其最重要的性能指标。众所周知,气孔率的提高往往会造成力学性能的弱化,因此在提高气孔率的同时保证制品的强度,一直是泡沫陶瓷材料的研究热点,也是难点。此外还注意到,目前研究大多集中在简单形状泡沫块材的制备,不断开发和赋予颗粒稳定泡沫及泡沫陶瓷新的特性,实现复杂形状和精细结构的泡沫陶瓷的制备是未来的一个发展趋势。

1.6　研究意义、研究内容和创新点

1.6.1　研究意义

一般而言,高气孔率的泡沫陶瓷因更多气相结构的引入而充分发挥了其结构优势,具有更低的密度和更高的比表面积,也使其具备了更为优异的隔热与过滤等性能。颗粒稳定泡沫法可用于制备高气孔率的泡沫陶瓷,然而目前泡沫陶瓷的气孔率一般限制在 95% 以下,气孔率高于 95% 的泡沫陶瓷鲜有报道。如果能进一步提高泡沫陶瓷的气孔率,将进一步提升泡沫陶瓷的性能,有效拓宽其应用领域,同时将大幅节约成本、减少原料及能源消耗,因此具有重要的研究意义。

短链两亲分子如戊酸、丁酸、己胺等具有较强的毒性及很强的挥发性,所以开发新型、低成本且无毒环保的表面活性剂对于基础研究以及工业化生产泡沫陶瓷材料而言均具有重大意义。此外,尽管国际上一些学者对颗粒稳定泡沫及其性能的影响因素进行了较为广泛的研究,但是颗粒稳定泡沫理论知识体系仍有欠缺,还有很多泡沫浆料稳定或失稳的现象无法用现有理论解释,本书进一步完善和发展颗粒稳定泡沫机制可为颗粒稳定泡沫的制备提供新的理论指导依据。

对于泡沫陶瓷而言,力学性能是其最重要的性能指标之一。众所周知,气孔率的提高往往会造成力学性能的弱化,因此在提高气孔率的同时保证制品的强度,一直是泡沫陶瓷材料的研究热点,也是难点。另一方面,高新技术的发展对具有新特性的新型泡沫材料提出了越来越高的要求,不断开发和赋予颗粒稳定泡沫及泡沫陶瓷新的特性,调控泡沫陶瓷孔形貌,在不同尺度构建多层次的多孔结构,制备可打印的泡沫浆料以实现复杂形状和精细结构泡沫陶瓷的制备正成为新材料的发展趋势。

本书基于上述背景,选用颗粒稳定泡沫法制备新型轻质高强的泡沫陶瓷材料,为颗粒稳定泡沫机理的研究提供理论基础。所制备的多种新型泡沫陶瓷材料,包括多级孔高强 Al_2O_3 泡沫陶瓷、与气凝胶相媲美的类气凝胶泡沫材料等具备优异的力学性能和前所未有的新特性。此外,本书在提升材料气孔率水平和力学性能的同时,研究并揭示了材料强化机理,对新材料显微结构的设计和调控具有指导意义。相信本书的研究工作也会为保温隔热、环境治理及复合材料等领域带来新的研究思路。

1.6.2　研究内容

本书基于颗粒稳定泡沫法,通过原料成分优化和微观结构调控制备综合性能优良的新型轻质高强泡沫陶瓷,并对其性能进行研究、调控与优化。具体研究内容如下。

(1) 采用无毒环保的长链表面活性剂十二烷基硫酸钠(SDS)修饰陶瓷颗粒,制备超稳定的 Al_2O_3 颗粒稳定泡沫和 ZrO_2 颗粒稳定泡沫。研究SDS 在粉体表面的吸附机理和影响规律、陶瓷颗粒表面的疏水性的影响因素,泡沫稳定性和发泡能力及其影响因素。在此基础上研究并完善颗粒稳定泡沫理论。

(2) 在制备超稳定泡沫的基础上,进一步制备具有气孔率高达 95% 以上的 Al_2O_3 泡沫陶瓷、ZrO_2 泡沫陶瓷以及 ZrO_2 增强 Al_2O_3 泡沫陶瓷。系统地研究 SDS 浓度、浆料固相含量和烧结温度等因素对泡沫陶瓷微观结构、气孔率、机械强度等性能的影响,以及材料性能调控机理。揭示高气孔率泡沫陶瓷抗压强度和气孔率之间的关系。探讨泡沫坯体强化的有效方法,研究坯体强化剂对泡沫浆料稳定性的影响规律及影响机理,在不影响泡沫稳定性和发泡能力的情况下提高泡沫坯体的强度。

（3）研究以溶胶纳米颗粒为泡沫界面稳定物质，制备具有纳米尺度孔壁结构、气孔率水平和比表面积可与气凝胶材料相媲美的新型泡沫材料，并研究其多级孔结构、气孔率、比表面积等性能以及其潜在的应用领域。阐明铝溶胶泡沫烧结过程中孔结构的演变以及力学性能得以大幅提升的机制。在此基础上还将研究凝胶泡沫的打印性能，制备 3D 打印泡沫陶瓷。

（4）研究具有光固化特性的陶瓷颗粒稳定泡沫浆料及乳液的制备方法。研究光敏型颗粒稳定泡沫浆料/乳液的稳定性、光固化性和相结构的调控方法。利用颗粒组装乳液的超稳定性和光固化特性，进一步探索陶瓷空心球的制备方法。

1.6.3　创新点

本书的主要创新之处包括以下几方面：

（1）利用无毒、易溶解的长链表面活性剂 SDS 修饰 Al_2O_3、ZrO_2 等颗粒并制备颗粒稳定泡沫。研究了 SDS 在颗粒表面的吸附规律，以及颗粒稳定泡沫稳定性的影响因素。首次揭示了粉体 zeta 电位对泡沫稳定性的影响及作用机理。论证了采用长链表面活性剂修饰粉体在等电点制备具有颗粒均匀组装泡沫的可能性，提出了长链表面活性剂吸附在颗粒表面起到一定位阻作用的观点。上述研究完善并发展了颗粒稳定泡沫理论，为制备颗粒稳定泡沫和泡沫陶瓷提供了理论指导。

（2）首次制备出气孔率高达 99% 的 Al_2O_3 泡沫陶瓷、ZrO_2 泡沫陶瓷以及 ZrO_2 增韧 Al_2O_3 泡沫陶瓷。系统地研究了泡沫陶瓷结构及性能的影响因素及调控机理。首次研究了高气孔率泡沫陶瓷的力学性能，提出抗压强度和气孔率之间的线性关系模型。通过水泥水化反应、琼脂凝胶和聚乙烯醇（polyvinyl alcohol，PVA）冷冻解冻方式有效增强了超轻泡沫坯体的强度，特别是利用 PVA 冷冻解冻形成的 PVA 晶体可以极大地提高泡沫坯体的力学性能。

（3）创新性地提出了以铝溶胶纳米颗粒为原料制备新型泡沫陶瓷材料的方法。这种新材料与气凝胶具有同一量级的高比表面积和前所未有的力学性能，对极性挥发性有机化合物气体（volatile organic compounds，VOC）具有很好的吸附性能。通过晶粒细化、多级孔结构的构建及球形孔尺寸的降低显著地改善了材料的力学性能，这种铝溶胶泡沫陶瓷材料是目前国际上报道的强度最高的 Al_2O_3 泡沫陶瓷。

（4）基于凝胶泡沫的高模量、高屈服应力和剪切变稀等独特的流变性，利用 3D 打印技术中的浆料直写技术制备了具有多级孔结构的轻质泡沫材料，使复杂形状和精细结构的泡沫陶瓷材料的制备成为现实。此外，还首次提出并制备了具有光敏特性的陶瓷颗粒稳定泡沫浆料/乳液，并因其具有超稳定特性和良好的光固化特性使其成为一种潜在的可光固化打印材料，为泡沫陶瓷材料的光固化打印奠定了基础。

第 2 章 实验内容及方法

2.1 实验原料及设备

2.1.1 陶瓷粉体

本书采用的几种主要陶瓷粉体的参数及生产厂家等基本信息见表 2.1。

表 2.1 陶瓷粉体及烧结助剂的基本信息

粉　体	粒径 (D50)/μm	比表面积/ (m^2/g)	厂　　家	备　　注
氧化铝	0.35	8.08	德国安迈有限公司	α-Al_2O_3>98.2%/ （质量分数）
氧化锆	0.48	7.16	广东东方锆业	3%Y_2O_3 稳定
铝溶胶	0.05	273	大连科技大学	自主研发
氮化硅	0.8	9.39	瑞典 Vesta Ceramics AB 公司	α-Si_3N_4>91%（质量分数）
氧化锰	0.15	—	广州纳诺化学技术有限公司	纯度>98%

2.1.2 主要试剂

本书用到的几种主要化学试剂及生产厂家等基本信息见表 2.2。

表 2.2 主要试剂基本信息

试剂名称	作用	化学式	分子量	厂家	备注
丙烯酰胺	单体	C_3H_5NO	71.08	国药集团	分析纯
N,N'-亚甲基双 丙烯酰胺	交联剂	$C_7H_{10}N_2O_2$	154.17	国药集团	分析纯
N,N,N',N'-四 甲基乙二胺	催化剂	$C_6H_{16}N_2$	116.2	国药集团	分析纯
过硫酸铵	引发剂	$(NH_4)_2S_2O_8$	228.20	国药集团	分析纯

续表

试剂名称	作用	化学式	分子量	厂家	备注
正辛烷	溶剂	C_8H_{18}	114.23	国药集团	分析纯
聚乙烯醇	黏结剂	$(C_2H_4O)_n$	—	国药集团	分析纯
琼脂	凝胶剂	$(C_{12}H_{18}O_9)_n$	—	天津化工集团	分析纯
十二烷基硫酸钠	发泡剂	$C_{12}H_{25}NaO_4S$	288.38	国药集团	分析纯
戊酸	发泡剂	C_4H_9COOH	102.13	国药集团	分析纯
氨水	pH 调节剂	$NH_3 \cdot H_2O$	35.05	北京化工厂	分析纯
盐酸	pH 调节剂	HCl	36.5	北京化工厂	分析纯
过氧化氢	起泡剂	H_2O_2	34.01	康宝生化科技有限公司	质量分数 30%

2.1.3　仪器设备

本书使用的主要实验仪器包括 zeta 电位仪、烧结炉、场发射扫描电镜、恒温恒湿箱、滚筒球磨机、流变仪、万能试验机、直写打印机和冷冻干燥机等,其型号和生产厂家如表 2.3 所示。

表 2.3　主要仪器设备的基本信息

设备名称	型号	生产厂家
精密天平	FA2104J	上海舜宇恒平科学仪器有限公司
机械搅拌器	WB2000-M	德国 WIGGENS
离心机	H1650	湖南湘仪动力测试仪器有限公司
电热鼓风干燥箱	DHG-9123A	上海一恒科学仪器有限公司
磁力搅拌器	90-I	上海司乐仪器厂
超声波清洗器	KQ-250DE	昆山市超声仪器有限公司
pH 计	LE438	瑞士 Mettler
滚筒球磨机	S-225	河北勇龙邦大新材料有限公司
高温箱式气氛烧结炉	KSL-1800X	合肥科晶材料技术有限公司
金刚石切割机	SYJ-150	上海光学仪器厂
内圆切割机	J5085-1/ZF	西北机器有限公司
zeta 电位仪	CD-7020	美国 Colloidal Dynamics 公司
流变仪	KINEXUS-Pro	英国马尔文
激光粒度分析仪	Mastersizer 2000	英国马尔文
真密度仪	G-Denpyc 2900	北京金埃谱科技有限公司
视频光学接触角测量仪	OCA15Pro	德国 Dataphysics

续表

设 备 名 称	型 号	生 产 厂 家
X射线衍射仪（XRD）	D8-Advance A25	美国 Micromeritics 仪器公司
扫描电子显微镜（SEM）	MERLIN VP Compact	德国卡尔蔡司
同步热分析仪	STA-449F3	德国耐驰
万能试验机	AG-2000G	日本岛津
恒温恒湿箱	LHS-50CL	上海一恒科学仪器有限公司
直写打印机	Ultimaker S5	Ultimaker
微波炉	PJ21C-BF	广东美的微波炉制造有限公司
冷冻干燥机	FD-1A-50	北京博医康实验仪器有限公司
旋片式真空泵	2XZ-2	临海市谭氏真空设备有限公司

除表 2.3 中所列的设备之外,本书的研究工作使用到的其他仪器设备还包括冰箱、不锈钢模具(尺寸分别为 4.5 cm×4.5 cm×5 cm 和 18 cm×18 cm×10 cm)、砂纸、锯条、游标卡尺、石膏板和塑料烧杯等。

2.2 实 验 过 程

本研究基于陶瓷浆料发泡法制备泡沫陶瓷,制备过程如图 2.1 所示:首先将陶瓷粉体和去离子水按照一定比例混合得到所需固相含量的水基陶瓷浆料。然后加入表面活性剂后调节 pH 值,让陶瓷粉体进行充分的疏水化修饰,对上述浆料充分搅拌发泡得到陶瓷泡沫浆料,泡沫坯体烧结后即可获得具有微米级孔径的泡沫陶瓷。值得注意的是,不同章节制备的泡沫材料不一样,并且实验的添加剂有所不同,所以技术路线在图 2.1 的基础上进行了相应调整,更加具体的实验过程将在各个章节中给出。

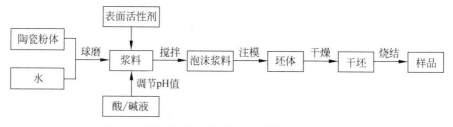

图 2.1 颗粒稳定泡沫法制备轻质泡沫陶瓷的流程

2.3　分析与表征

2.3.1　成分测试

采用 X 射线荧光光谱仪(XRF-1800,岛津公司,日本)对样品化学组成进行分析。使用 Rh 靶 X 射线光管,最大功率是 4kW,测试范围 B(5)～U(92)。

2.3.2　傅里叶红外光谱分析

陶瓷粉体的傅里叶红外光谱分析,采用德国布鲁克公司生产的 Vertex 70v 型光谱仪。实验粉末和 KBr 混合后进行压片。

2.3.3　陶瓷粉体粒度

原料陶瓷粉体的粒径分布利用激光粒度分析仪(Mastersizer 2000,马尔文,英国)测试得到,以去离子水作为分散介质。

2.3.4　X 射线光电子能谱(XPS)测试

铝粉的表面氧化程度,采用 X 射线光电子能谱仪(XPS,250XI,赛默氏公司,英国,如图 2.2 所示)进行分析。使用单色化 Al Kα 和 Mg/Al 双阳极光源,其灵敏度大于 400 000 cps(每秒次数)。

图 2.2　250XI 型 X 射线光电子能谱仪

2.3.5　陶瓷粉体 zeta 电位测试

本研究利用 zeta 电位仪(CD-7020,Colloidal Dynamics 公司,美国,如

图 2.3 所示)测量粉体及加入活性剂后的粉体在不同 pH 值下的表面电荷情况；采用 $300 \sim 400$ r/min 的转速搅拌陶瓷浆料,并利用 1.0 mol/L 的 HCl 溶液和 1.0 mol/L 的 NaOH 溶液调控陶瓷浆料的 pH 值。

图 2.3   CD-7020 型 zeta 电位测试仪

2.3.6   泡沫浆料的流变测试

陶瓷泡沫浆料的流变性通过流变仪(KINEXUS-Pro,马尔文,英国,如图 2.4 所示)的平板模式进行测试。

图 2.4   KINEXUS-Pro 型流变仪

2.3.7   接触角测试

用视频光学接触角测量仪(OCA15Pro,Dataphysics,德国,如图 2.5 所示)进行粉体的接触角测试。测试前先对胶体状态下表面活性剂修饰过的

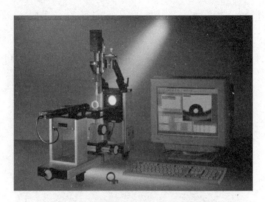

图 2.5　OCA15Pro 型接触角测量仪

陶瓷粉体进行离心,干燥后压片获得表面平整的薄片用于测试。选用悬滴法通过录像记录水滴与陶瓷粉表面之间接触的轮廓,利用系统自带软件根据水滴轮廓计算其接触角。

2.3.8　气孔率

本研究中泡沫陶瓷的容重采用几何法计算。将样品加工成标准长方体,用游标卡尺测量其长宽高分别为 L_1、L_2、L_3,用电子天平测量其质量 M。容重 D_b 的计算公式为

$$D_b = M/(L_1 \times L_2 \times L_3) \tag{2-1}$$

利用式(2-1)计算得到的容重,通过式(2-2)计算得到泡沫陶瓷的总气孔率:

$$P = (1 - D_b/D_t) \times 100\% \tag{2-2}$$

式中,P 为气孔率,D_t 为陶瓷材料的真密度。同一条件下制备并测试 5 个烧结样品得到泡沫陶瓷气孔率的平均值和误差。

2.3.9　烧结收缩率

本书泡沫材料的烧结收缩采用线收缩率来表示,样品在烧结后线收缩率 S 的计算公式为

$$S = (l_m - l_p)/l_m \times 100\% \tag{2-3}$$

式中,l_m 为样品的原尺寸,l_p 为样品干燥或烧结后的尺寸。

2.3.10　物相分析

材料的物相组成通过 X 射线衍射分析仪(XRD,CuKα 射线,$\lambda = 0.1541$ nm,

D8-Advance A25,Brucker 公司,德国)进行测试。工作电压是 35 kV,工作电流为 30 mA,步进扫描模式的扫描速度是 6°/min,衍射角范围是 10°~90°。

2.3.11　微观形貌

利用扫描电子显微镜(MERLIN VP Compact,卡尔蔡司,德国)观察粉体、泡沫坯体和泡沫陶瓷的微观结构。由于泡沫陶瓷材料的导电性非常差。测试前,将试样置于溅射喷金仪中包覆一层铂金(溅射 5~10 min)。

2.3.12　抗压强度

实验中将泡沫陶瓷加工成规则的长方体,利用电子万能试验机(AG2000G,岛津公司,日本)测量泡沫陶瓷的抗压强度,设置压头移动速度为 1.0 mm/min。每个数据点选取 5 个样品进行测试,最后取平均值。

2.3.13　比表面积及微孔分布

采用 BET 比表面积测试仪(ASIC-2,康塔仪器公司,美国)测试粉体及泡沫材料的比表面积与孔径分布等孔隙等特点。

2.3.14　导热系数

ZrO_2 泡沫陶瓷的导热系数通过物理性能测试系统(PPMS,Quantum Design,美国)进行测量,取至少 3 个样品测量,并取平均值。

第 3 章　SDS 制备超稳定泡沫浆料

3.1　引　　言

瑞士联邦理工大学的 Gauckler 教授课题组在利用颗粒稳定泡沫制备泡沫陶瓷方面开展了大量的杰出工作[7,8,27,28]，他们采用短链两亲分子包括丙酸、丁酸、戊酸和己胺等制备了 Al_2O_3、ZrO_2、SiO_2 等多个体系的泡沫陶瓷。然而，这些短链两亲分子具有毒性和难闻的刺激性气味，且极易挥发，这显然不利于工业化生产。因此有必要开发无毒、易溶解且低成本的两亲分子或者表面活性剂来制备稳定的陶瓷泡沫浆料及泡沫陶瓷。

十二烷基硫酸钠（sodium dodecyl sulfate，SDS）是一种无毒、廉价的阴离子表面活性剂，常用于洗涤剂和纺织工业，它具有很强的发泡性能。本章以 SDS 作为陶瓷粉体的疏水化修饰剂和发泡剂制备稳定的 Al_2O_3 颗粒稳定泡沫与 ZrO_2 颗粒稳定泡沫。阐明了表面活性剂 SDS 在粉体表面的吸附机理、粉体修饰后的疏水化程度以及泡沫浆料性能，从而为接下来制备轻质泡沫陶瓷及性能调控奠定基础。

另一方面，尽管国际上一些研究人员对颗粒稳定泡沫的制备及影响因素进行了较为广泛的研究，但是目前采用颗粒稳定泡沫法制备泡沫陶瓷仍然存在很多理论难点和工艺问题。因此，本章将进一步研究并完善颗粒稳定泡沫理论，重点探讨粉体表面带电特性对泡沫浆料稳定性的影响。

3.2　实　验　过　程

采用 SDS 作为表面活性剂制备超稳定泡沫的流程如图 3.1 所示。选用直径为 $5\sim10$ mm 的 ZrO_2 球作为研磨介质（研磨介质和陶瓷粉体的质量比为 $2:1$），以 150 r/min 的转速球磨 12 h 制备陶瓷浆料，再将 SDS 溶液滴加至浆料中对陶瓷颗粒进行原位疏水化修饰，然后调节浆料的 pH 值。需要明确的是，除特殊说明外，本书所述的表面活性剂浓度都是以浆料的总

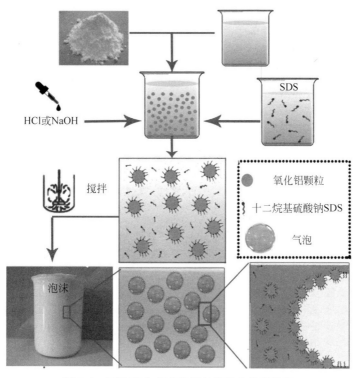

图 3.1　颗粒稳定泡沫的制备流程及微观状态

质量为基准进行计算的。在发泡环节,为避免浆料飞溅,先使用机械搅拌器以相对低的速度(800 r/min)初步搅拌陶瓷浆料 2 min 进行发泡,随后以 2000 r/min 的速度高速搅拌陶瓷浆料 5～10 min 以获得细小而均匀的泡沫。

3.3　陶瓷粉体表面的疏水改性

图 3.2 和图 3.3 的 zeta 电位测试结果表明 Al_2O_3 颗粒和 ZrO_2 颗粒表面电位随 SDS 浓度增加而降低,这说明带负电的十二烷基硫酸根阴离子吸附在 Al_2O_3 粉体与 ZrO_2 粉体的表面,从而降低了粉体电位。此外,还可以观察到,pH 值越低,zeta 电位降低程度越明显。这说明了在低 pH 值下,SDS 在 Al_2O_3 颗粒和 ZrO_2 颗粒表面的吸附能力更强。

研究发现,浆料的 pH 值通过影响陶瓷粉体表面的化学状态对 SDS 在

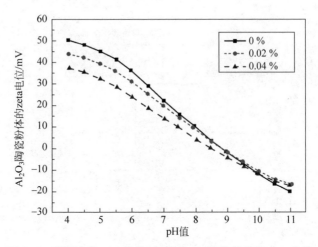

图 3.2　不同浓度 SDS 修饰后的 Al_2O_3 陶瓷粉体的 zeta 电位

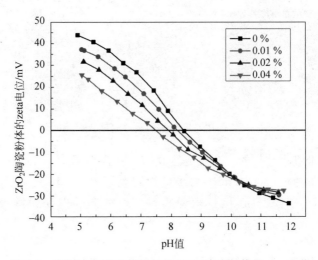

图 3.3　不同浓度 SDS 修饰后的 ZrO_2 陶瓷粉体的 zeta 电位

粉体表面的吸附行为有重要影响。如图 3.4 所示,当加入浆料的 SDS 浓度为 0.04%(质量分数)时,随着 pH 值降低,SDS 吸附能力增加,相应的粉体疏水程度增加。这是因为 pH 值越低,颗粒表面正电荷越高,从而有利于 SDS 阴离子的吸附。通过以上研究结果可以总结出,浆料的 pH 值会影响 SDS 在粉体表面的吸附作用,进而决定了粉体的疏水化程度及其在气-液界面的吸附位置。

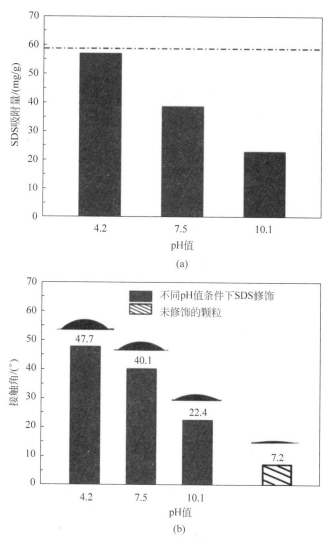

图 3.4　不同 pH 值下 SDS 在 Al_2O_3 颗粒表面的吸附量(a)及 Al_2O_3 颗粒的接触角(b)

3.4　泡沫稳定性和发泡性能研究

实验结果表明,当浆料 pH 值为 3.0~9.0 时,可以制备稳定的、气孔均匀完整的泡沫。当 pH 值大于 9.5 时,由于 SDS 在粉体表面的吸附能力降低,相应的 Al_2O_3 疏水化程度较低,泡沫的稳定性变差,泡沫干燥后内部和表面有很多大的孔洞(见图 3.5),这是由于不稳定的泡沫出现了部分气泡歧化现象造成的。综上所述,泡沫的稳定性随 pH 值的变化规律与粉体疏水性及 SDS 吸附能力随 pH 值的变化趋势一致。

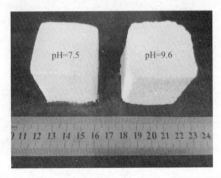

图 3.5　不同 pH 值时制备的 Al_2O_3 干燥泡沫坯体

由图 3.6 及图 3.7 可知,用 SDS 制备的 ZrO_2 陶瓷泡沫浆料和 Al_2O_3 陶瓷泡沫浆料有很强的保形性和稳定性,泡沫在干燥过程中不会发生坍塌和气泡破裂,因此不需要采用凝胶等措施固化泡沫浆料。这是因为 SDS 修饰后的 Al_2O_3 浆料具有很强的发泡能力,具有部分疏水性的陶瓷粉体紧密吸附在气-液界面从而形成稳定的颗粒自组装泡沫结构,使得泡沫浆料脱模后具有很好的保持形状的能力,所以不会坍塌。泡沫在经过 3 天的自然静置后,仅观察到了少量排液现象,说明疏水化的陶瓷粉体颗粒已经牢固地吸附在气泡的气-液界面上,而没有在重力作用下沉降。由此可见,SDS 是一种理想的具有很强发泡能力的表面活性剂,同时也是一种有效提高 Al_2O_3 粉体和 ZrO_2 粉体疏水程度的疏水化修饰剂。

(a)　　　　　　　　　(b)

图 3.6　脱模后的 ZrO_2 泡沫浆料(a)及 ZrO_2 泡沫浆料静置 3 天后的排液情况(b)
制备条件(质量分数):固相含量 20%,SDS 含量 0.03%,pH=7

(a)　　　　　　　(b)

图 3.7　刚制备的 Al_2O_3 泡沫浆料(a)和静置 1 个月后的 Al_2O_3 泡沫浆料(b)

制备条件(质量分数)：固相含量 20%,SDS 含量 0.03%,pH=7.5

　　相比短链两亲分子,SDS 的另一个明显的优势是采用 SDS 制备稳定泡沫并不需要严格地控制浆料 pH 值。前面提到,SDS 可以在很广的 pH 范围(pH 为 3.0～9.0)内实现泡沫的稳定化。这意味着在制备稳定泡沫的时候并不需要精准地控制 pH 值。这显然对泡沫陶瓷的工业化生产具有重大意义。值得注意的是,当浆料 pH 值为 9.0 时,Al_2O_3 粉体和 ZrO_2 粉体表面带负电,而 SDS 阴离子也是带负电,但是此时 SDS 依然可以有效改善粉体疏水性,制备出稳定泡沫。这说明 SDS 在 Al_2O_3 颗粒和 ZrO_2 颗粒表面的吸附不仅仅是静电吸附,更是具有很强吸附能力的特异性吸附。

　　实验表明,对于 20%(质量分数)的 Al_2O_3 陶瓷浆料,用 0.015% 以上的 SDS 即可制备足够稳定的、孔洞均匀完整的泡沫。当 SDS 低于 0.01%(质量分数)时所制备的泡沫不稳定,这是因为 SDS 浓度低于 0.01%(质量分数)时颗粒的疏水化程度不足。因此,对于 20%(质量分数)的 Al_2O_3 陶瓷浆料而言,制备稳定的泡沫的临界 SDS 浓度为 0.01%(质量分数)。该浓度值远远低于短链两亲分子所需的浓度,这是由于具有较长烃链的表面活性剂更具疏水性,可在较低浓度的情况下有效降低表面张力,达到明显提高颗粒疏水性的效果,即长链表面活性剂 SDS 即使在很低的浓度下也可以实现颗粒的疏水化修饰以及泡沫的稳定化[65,66]。

　　SDS 的添加量对泡沫的发泡能力和排液特性具有明显的影响。在这里用发泡倍率(即泡沫体积与浆料体积比)来评价其发泡能力,用 100 mL 泡沫的最终排液体积评价其排液特性。以 0.015%～0.05%(质量分数)的 SDS 制备 Al_2O_3 泡沫的发泡倍率和排液性能如图 3.8 所示。随着 SDS 浓度的增加,浆料的发泡能力增加。这是因为 SDS 浓度的增加会有效降低浆料的表面张力,从而有利于在浆料中引入更多的空气。

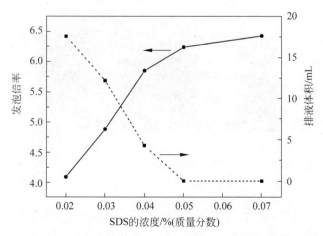

图 3.8　Al_2O_3 浆料发泡倍率和排液体积与 SDS 浓度的关系

　　SDS 浓度的增加也进一步改善了颗粒的疏水性,从而提高了它们在气-液界面处的附着能力,因此排液量随着 SDS 浓度的增加而降低。另一方面,SDS 浓度的增加造成发泡倍率的提升,使气泡之间的液膜厚度降低,这一点也有利于排液量的降低。当 SDS 浓度高于 0.05%(质量分数)时,排液完全被抑制。研究发现,ZrO_2 泡沫浆料也具有相似的规律,如图 3.9 所示,ZrO_2 浆料的发泡能力也随着 SDS 浓度的增加而增加。这意味着可以通过调节 SDS 浓度调控泡沫的发泡能力,从而为接下来泡沫陶瓷容重的调控奠定基础。

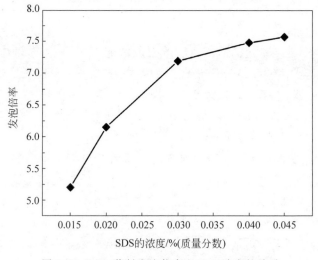

图 3.9　ZrO_2 浆料发泡倍率和 SDS 浓度的关系

3.5　zeta 电位对颗粒稳定泡沫的影响

影响泡沫稳定性的因素主要包括表面活性剂或短链两亲分子的种类及添加量、陶瓷颗粒的润湿性(通过接触角评估)、颗粒尺寸、固相含量及温度等,其核心是粉体表面的疏水性。在陶瓷胶态成型领域,颗粒 zeta 电位对浆料流变性的影响一直是研究热点[67-70],但有关颗粒 zeta 电位对泡沫浆料性质影响的研究尚未见报道。

实验研究表明,当 pH 值为 7.5 时,加入 0.02%(质量分数)以上的 SDS 能够制备稳定的泡沫,如图 3.10(a)所示。然而,在 pH 值为 4.3 时,加入同样含量的 SDS 却无法制备稳定的泡沫,如图 3.10(b)所示,此时的 Al_2O_3 泡沫排液中含有大量沉降的粉体,说明颗粒并没有完全在气泡界面上进行组装,而是游离在液体中并在重力作用下沉降。粉体表面的疏水性,即润湿角,是决定泡沫稳定性的最主要的因素,因此首先对这两种情况下的颗粒疏

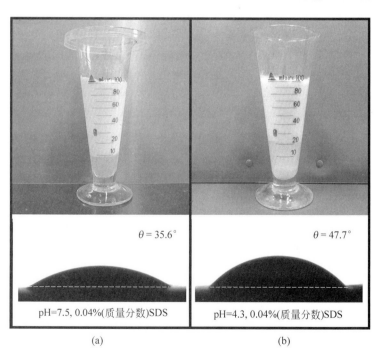

图 3.10　pH 值为 7.5(a)和 pH 值为 4.3(b)时 Al_2O_3 泡沫排液的行为及相应的粉体润湿角

水性进行了研究。结果表明,当 pH 值分别为 7.5 和 4.3 时,润湿角分别为 35.6°和 47.7°,两者均高于 30°,都处于可以稳定泡沫的条件范围内。而且, pH 值为 4.3 时的粉体疏水性甚至要略高于 pH 值为 7.5 时粉体的疏水性。由此可推测,泡沫在 pH 值为 4.3 时出现的不稳定现象并不是因为粉体疏水程度不够导致的,所以一定存在其他影响泡沫稳定性的因素。

　　Al_2O_3 的 zeta 电位与 SDS 浓度之间呈线性增加关系,如图 3.11(a)所示,这是十二烷基硫酸根离子吸附到 Al_2O_3 粉体表面的结果。因此通过调节 SDS 在陶瓷粉体的吸附量可以调节陶瓷粉体的 zeta 电位。研究表明,随着 SDS 的增加,泡沫逐渐从不稳定状态变为超稳定的状态。当 SDS 超过 0.08%(质量分数)时,zeta 电位小于 32 mV,Al_2O_3 泡沫非常稳定,泡沫排液量很少,且排液澄清。而当 SDS 小于 0.05%(质量分数)时,此时 zeta 电位大于 40 mV,泡沫不稳定,泡沫排液量很高并且排液浑浊,说明 Al_2O_3 颗粒脱离泡沫体系下沉(见图 3.11(b))。

　　图 3.12 展示了不同条件下制备的泡沫浆料在注模和脱模后的状态,显然 zeta 电位大于 40 mV 的泡沫无法成型泡沫坯体。根据上述结果,可以推测 Al_2O_3 泡沫不稳定可能是由 zeta 电位的变化引起的。SDS 浓度从 0.04%(质量分数)到 0.08%(质量分数)的增加导致的 Al_2O_3 的 zeta 电位从 40 mV 降低至 32 mV,是造成泡沫浆料从不稳定状态向稳定泡沫状态转换的原因。在这个实验中,SDS 浓度也是变量,但是它并不是泡沫稳定性的主要影响因素。本研究的前期实验证明了加入 0.02%(质量分数)的 SDS 足以让 Al_2O_3 颗粒具备足够的疏水性,而在这个实验中 SDS 的添加量均大于这个临界值。因此,虽然图 3.11 所示的实验中的 SDS 浓度也是变量,但是可以断定此时泡沫稳定性与 SDS 加入量并没有直接关系。

　　这部分研究多次谈到泡沫的稳定性,需要指出的是,稳定泡沫和不稳定的泡沫是个相对概念,两者之间没有明确的界限,而是逐渐过渡的,因此很难找到一个界限来区分完全稳定的泡沫浆料和完全不稳定的泡沫浆料。所以为了更严谨地描述泡沫稳定性的状态,本书把 zeta 电位介于 32~40 mV 时泡沫浆料的状态定义为过渡状态,此时泡沫的状态介于不稳定泡沫和超稳定泡沫之间,是一种亚稳态。以上泡沫都用 20%固相含量的 Al_2O_3 浆料制备。进一步研究发现,类似的规律也出现在 ZrO_2 颗粒稳定泡沫中,如图 3.13 所示。当 zeta 电位低于 30 mV 时,可以获得非常稳定的 ZrO_2 颗粒稳定泡沫。而当 zeta 电位高于 39 mV 时,无法实现泡沫的稳定化。ZrO_2 泡沫的过渡区间为 30~39 mV,这个区间和 Al_2O_3 颗粒稳定泡沫的

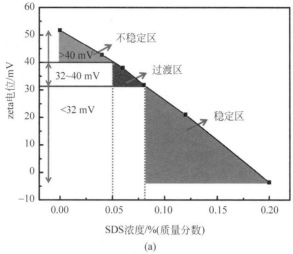

(a)

(b)

图 3.11　Al$_2$O$_3$ 泡沫浆料稳定性与粉体 zeta 电位关系

浆料固相质量分数为 20%,pH 值为 4.3

(a) Al$_2$O$_3$ 泡沫浆料的稳定性及颗粒 zeta 电位与 SDS 浓度的关系;

(b) Al$_2$O$_3$ 泡沫的排液状态和 Al$_2$O$_3$ 粉体 zeta 电位的关系

过渡区间(32~40 mV)几乎一致。

　　上述研究通过 SDS 的吸附量调控粉体 zeta 电位,初步得出泡沫稳定性
与 zeta 电位有关的推论。为了进一步证明这一假设,下面通过改变浆料的
pH 值调节粉体的 zeta 电位,进而研究其对泡沫稳定性的影响。研究结果
如图 3.14 所示,随着 pH 值的增加,zeta 电位降低。这是因为随着 pH 值

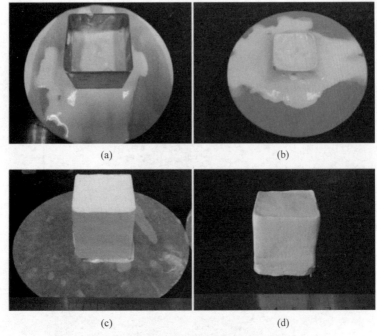

图 3.12　不同 pH 值制备的泡沫

Al₂O₃ 浆料固相质量分数为 20%

（a）pH＝4.3 时制备的泡沫浆料脱模前的照片；（b）pH＝4.3 时制备的泡沫浆料脱模后的照片；
（c）pH＝7.5 时制备的泡沫浆料脱模后的照片；（d）pH＝7.5 时制备的泡沫浆料干燥后的照片

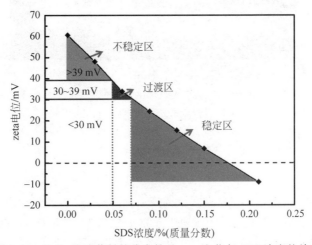

图 3.13　ZrO₂ 泡沫浆料的稳定性及 zeta 电位与 SDS 浓度的关系

的增加,粉体表面由质子化作用向去质子化作用转变。图 3.14 所示的研究结果表明,当 zeta 电位低于 36 mV 时,可以获得稳定的 Al_2O_3 颗粒稳定泡沫。而当 zeta 电位高于 39 mV 时,制备的泡沫不稳定。

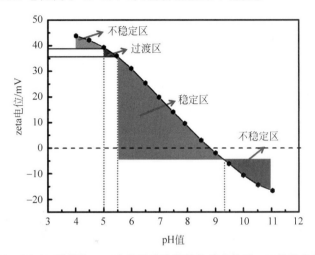

图 3.14　Al_2O_3 颗粒的 zeta 电位及泡沫浆料的稳定性随 pH 值的变化规律
制备条件(质量分数):Al_2O_3 固相含量 20%,SDS 含量 0.04%

总结以上实验结果可以发现,无论通过何种手段调节颗粒的 zeta 电位,只要颗粒的 zeta 超过某一个临界值,均无法制备稳定的泡沫浆料;而当 zeta 电位小于某一个临界值时,在满足其他颗粒稳定泡沫的条件下(如颗粒粒径、固相含量、表面活性剂浓度、润湿角),可以制备超稳定的颗粒稳定泡沫浆料。

本书为进一步论证泡沫稳定性与 zeta 电位的关联性,对 Al_2O_3 泡沫进行了更广泛的试验,如图 3.15 所示。通过调整 SDS 浓度和 pH 值,实验制备了大量泡沫,其中颗粒 zeta 电位低于 30 mV 情况下制备的泡沫用菱形的点表示,而另一组具有颗粒 zeta 电位大于 40 mV 的泡沫用方形的点表示。可以清楚地看出,在两组实验点之间存在边界,如图 3.15 中的虚线所示。这是因为在酸性 pH 值下,质子化的 Al_2O_3 颗粒表现出高的 zeta 电位正值,随着 pH 值的增加,陶瓷浆料中带负电荷的氢氧根离子增加,从而导致 zeta 电位降低。类似地,随着 SDS 浓度的增加,吸附在颗粒上的带负电荷的十二烷基硫酸根离子也可以通过屏蔽颗粒表面的正电荷来降低颗粒的 zeta 电位。因此,低 zeta 电位出现在高 pH 值和高 SDS 浓度区域(即相图的右上角),而高 zeta 电位出现在低 pH 值和低 SDS 浓度区域(即相图的左下角)。这就是颗粒 zeta 电位高于 40 mV 的区域和 zeta 电位低于 30 mV

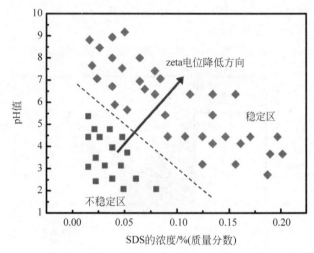

图 3.15　通过调控 SDS 浓度和 pH 值改变 Al_2O_3 颗粒的 zeta 电位
以及相应的泡沫的稳定性

固相质量分数为 20%

的区域存在界限的原因。

　　图 3.15 所示的泡沫稳定性的观测结果显示,粉体 zeta 电位大于 40 mV(即方形点)条件下制备的泡沫都是不稳定的,而所有颗粒 zeta 电位低于 30 mV(即菱形的点)的条件下制备的泡沫都是比较稳定的。这些实验结果充分证实了陶瓷颗粒 zeta 电位是影响泡沫浆料稳定性的重要因素,颗粒 zeta 电位值介于 30~40 mV 是稳定泡沫和不稳定泡沫之间的过渡区间。该发现可为制备稳定的泡沫浆料和泡沫陶瓷提供指导。

　　实验进一步采用广泛应用的非氧化物 Si_3N_4 陶瓷粉体作为原料,对 zeta 电位与泡沫稳定性之间的影响规律进行探究。选用十六烷基三甲基氯化铵(CTAC)为疏水修饰剂。CTAC 离子化后产生的 CTA^+ 可以吸附在 Si_3N_4 颗粒表面,从而增加 Si_3N_4 颗粒的 zeta 电位,同时提高 Si_3N_4 颗粒的疏水性。研究结果如图 3.16 所示,随着 CTAC 浓度的增加,zeta 电位和接触角先增加随后逐渐趋于平缓,这是因为 CTAC 在 Si_3N_4 颗粒表面上吸附饱和的结果。

　　实验表明 CTAC 添加量高于 0.02%(质量分数)时即可赋予 Si_3N_4 颗粒适当的接触角,约 30.8°(见图 3.16(b)),此时制备的泡沫是稳定的。这与文献广泛报道的结果一致,即制备稳定泡沫的颗粒接触角为 30°~120°。在添加 0.02%~0.09%(质量分数)的 CTAC 情况下,Si_3N_4 颗粒的 zeta 电位低于 34 mV,相应的泡沫是超稳定的。而当 CTAC 添加量超过 0.09%(质量分数)时,zeta 电位高于 34 mV,虽然 Si_3N_4 粉末依然有适宜的疏水性,但是泡沫逐渐变得不稳定。进一步提高 CTAC 浓度超过 0.12%(质量分数),Si_3N_4 颗粒 zeta 电位高于 40 mV,这个条件下制备的泡沫迅速破裂坍塌。

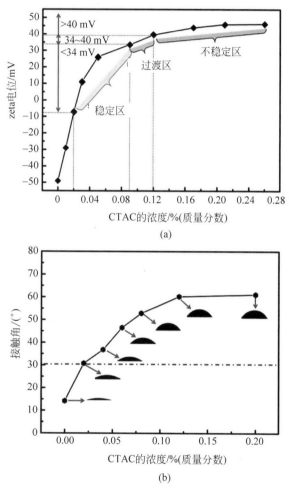

(a)

(b)

图 3.16　Si_3N_4 泡沫稳定性与颗粒 zeta 电位关系(a)及 Si_3N_4 粉体
接触角与 CTAC 浓度(质量分数)关系(b)

以上大量实验研究结果表明,zeta 电位对泡沫稳定性有显著影响,当 zeta 电位过高时所获得的泡沫是不稳定的。表 3.1 基于以上结果总结了不同条件制备的泡沫浆料的稳定性能,统计结果充分论证了 30~40 mV 是从稳定泡沫到不稳定泡沫的过渡区间。

表 3.1　几种陶瓷颗粒的 zeta 电位及相应的泡沫稳定性

陶瓷体系	zeta 电位调控方法	稳定泡沫 zeta 电位/mV	泡沫失稳 zeta 电位/mV
Al_2O_3	调节 SDS 吸附浓度	<32	>40
Al_2O_3	调节 pH 值	<35	>39
ZrO_2	调节 SDS 吸附浓度	<30	>38
Si_3N_4	调节 CTAC 吸附浓度	<34	>40

　　结果表明泡沫浆料的稳定性和颗粒 zeta 电位之间的关系可能与颗粒间的排斥力有关。众所周知,高 zeta 电位导致颗粒之间产生强排斥力。两个胶体颗粒之间的静电排斥力与颗粒电位的平方成正比,因此,当 zeta 电位为 40 mV 时颗粒间的静电排斥力是 zeta 电位为 30 mV 时颗粒间静电排斥力的 16/9 倍(这是粗略计算,仅考虑到颗粒电位的影响)。由此可见,随着陶瓷颗粒 zeta 电位的增加,颗粒间的静电排斥力的增加是很明显的。

　　因此推测颗粒 zeta 电位的增加造成的颗粒间的强排斥力阻止了颗粒在气-液界面处形成紧密组装的颗粒网络,如图 3.17 所示。在相对较低的 zeta 电位(低于 30 mV)下,颗粒相互排斥作用相对较小,颗粒可以在气-液界面处紧密组装,在气泡周围形成紧密的颗粒层,因此得到的泡沫是超稳定的。

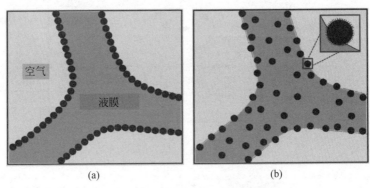

图 3.17　不同 zeta 电位时的泡沫状态
(a) 低 zeta 电位；(b) 高 zeta 电位

　　而在 zeta 电位高于 40 mV 的条件下,由于强排斥力的作用,陶瓷颗粒在气-液界面处不能形成紧密组装。虽然一些颗粒可以牢固地吸附在界面上,但是部分颗粒(尽管具有足够的亲水性)倾向远离气-液界面而不是附着在界面上,气-液界面的颗粒覆盖率降低,从而导致气-液界面的弱稳定性。而那些在液体中游离的颗粒不稳定,在重力作用下会沉降。

本研究为论证图 3.17 的推测,通过冷冻扫描电镜(Cryo-SEM)来研究颗粒在泡沫中的状态。具有低 zeta 电位和高 zeta 电位的泡沫的 Cryo-SEM 照片分别如图 3.18(a)、(b)与图 3.18(c)、(d)所示。结果表明,颗粒 zeta 电位为 14 mV 时,颗粒在气-液界面处紧密组装,形成两层薄且均匀的颗粒层,液体中几乎没有游离颗粒,因为所有颗粒聚集在气-液界面周围,这很好地解释了泡沫排液清澈的现象。对于颗粒 zeta 电位为 41 mV 的泡沫,其液膜更厚(见图 3.18(c)),颗粒在气-液界面处的组装并不紧密,从而导致泡沫的稳定性很差。从图 3.18(d)可以看出,液体中有许多游离的颗粒,因此在重力作用下,部分颗粒会脱离泡沫随着排液发生沉积,这就解释了图 3.11(b)所

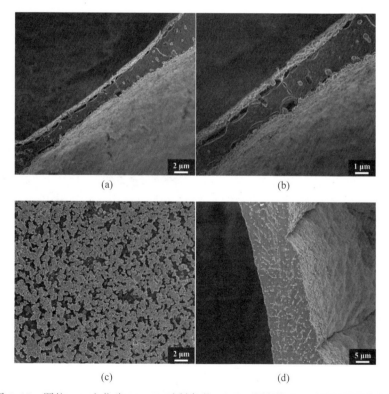

(a)　　　　　　　　　　(b)

(c)　　　　　　　　　　(d)

图 3.18　颗粒 zeta 电位为 14 mV 时制备的 Al_2O_3 泡沫的 Cryo-SEM 照片(a)和
(b)及 zeta 电位为 41 mV 时制备的泡沫的 Cryo-SEM 照片(c)和(d)
制备条件(质量分数):固相含量为 20%,SDS 含量 0.04%

示的泡沫排液中含有大量颗粒的原因。以上的研究发现将有助于从颗粒 zeta 电位和颗粒间排斥的角度出发理解泡沫失稳的机制，为颗粒稳定泡沫稳定性的调控提供指导。

　　上述发现也可为矿物浮选行业提供指导。图 3.19 对比了高 zeta 电位和低 zeta 电位时 Al_2O_3 颗粒的浮选回收率（加入同样含量的表面活性剂 SDS）。结果表明，在相同浮选时间下，具有低颗粒 zeta 电位的陶瓷浆料相比高 zeta 电位的陶瓷浆料具有更高的回收率。这是因为低 zeta 电位条件下，颗粒之间的排斥作用较小，颗粒在气泡表面可以形成紧密的组装，如图 3.19(b) 所示；而具有高 zeta 电位的颗粒之间排斥作用较大，颗粒在气泡表面形成松散排列，如图 3.19(c) 所示。因此，在低 zeta 电位的情况下，单个气泡携带的颗粒数量多于具有高 zeta 电位时泡沫携带的颗粒数量，所以较低的颗粒 zeta 电位有利于提高浮选效率。

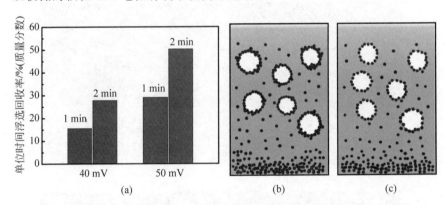

图 3.19　颗粒表面的 zeta 电位对颗粒浮选性能的影响

(a) Al_2O_3 颗粒的浮选回收率对比；(b) 低 zeta 电位情况下浮选示意图；

(c) 高 zeta 电位情况下浮选示意图

　　除泡沫稳定性外，颗粒 zeta 电位对浆料的发泡性能（也称起泡性，用浆料的发泡倍率表示）也有显著影响，如图 3.20 所示。浆料的发泡性是泡沫浆料的重要性能，它决定了泡沫的空气含量以及烧结后泡沫陶瓷的容重和气孔率。从图 3.20 中可以看出，随着 zeta 电位的增加，浆料的发泡能力受到抑制。特别是当 zeta 电位增加到 40 mV 以上时，发泡倍率急剧下降，因此推测，高 zeta 电位下的弱发泡能力可能与泡沫的稳定性较差有关[59]。前面的研究表明，泡沫稳定性的突变发生在 zeta 电位为 35～40 mV 处，这正是当 zeta 电位接近 40 mV 时浆料发泡倍率急剧下降的原因。

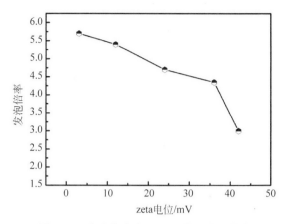

图 3.20　发泡倍率与 zeta 电位的关系曲线

3.6　长链表面活性剂在等电点处制备超稳定泡沫

众所周知,在陶瓷胶态成型领域,浆料的等电点是需要避免的,这是因为陶瓷颗粒在等电点处的分散性非常差,会发生严重的团聚。而在泡沫浆料领域,等电点对泡沫制备也是不利的。Ahmad 等[71]研究了短链两亲分子戊酸修饰 ZrO_2 颗粒制备泡沫陶瓷,他们发现高浓度的戊酸会导致 ZrO_2 颗粒的团聚甚至泡沫的失稳,这是由于带负电戊酸的过多加入屏蔽了 ZrO_2 颗粒表面的正电荷,从而使 zeta 电位向等电点方向移动造成的。Studart 等[72]也发现当使用短链两亲分子作为修饰剂时,为避免颗粒团聚,需要避免过低的 zeta 电位。

然而,以长链表面活性剂作为粉体疏水修饰剂制备泡沫的大量研究结果表明,在等电点(zeta 电位为 0 mV)的条件下制备的泡沫浆料依然是非常稳定的。制备条件如表 3.2 所示,以长链表面活性剂 SDS 修饰氧化物粉体,以长链表面活性剂十六烷基三甲基氯化铵(cetyltrimethylammonium chloride,CTAC)修饰氮化硅粉体,在近等电点的条件下制备了一系列泡沫,所有泡沫均在 zeta 电位绝对值小于 4 mV 的条件下制备。

泡沫观测结果表明,这些等电点附近制得的泡沫浆料依然是超稳定的,并且所制备出的泡沫陶瓷孔壁很薄且厚度均匀,如图 3.21 所示。显然,本研究得到了与短链两亲分子作为修饰剂时完全不同的结论。这个差异可能是由长链的表面活性剂分子与短链两亲分子的碳链长度的差异所致。

表 3.2　通过调整 pH 值和表面活性剂浓度,在等电点附近制备的几种泡沫陶瓷

样品	粉体	pH 值	活性剂	浓度/%(质量分数)	zeta 电位/mV
A	Al_2O_3	3.2	SDS	0.22	1
B	Al_2O_3	4.5	SDS	0.18	-3
C	Al_2O_3	8.5	SDS	0.04	2
D	ZrO_2	4.3	SDS	0.16	4
E	ZrO_2	7.1	SDS	0.05	3
F	ZrO_2	8.0	SDS	0.02	-1
G	Si_3N_4	9.8	CTAC	0.03	4

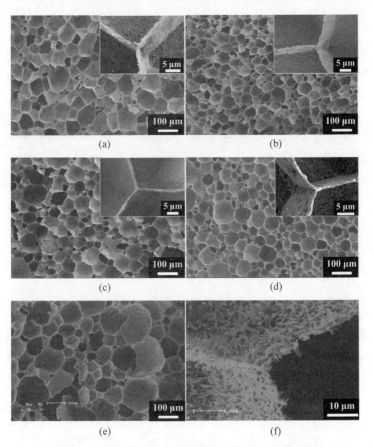

图 3.21　在等电点附近制备的泡沫陶瓷的 SEM 照片

(a),(b) 0.18% 的 SDS 在 pH=4.5 时制备的 Al_2O_3 泡沫坯体及泡沫陶瓷(对应表 3.2 中的"样品 B");(c) 0.04% 的 SDS 在 pH=4.5 时制备的 Al_2O_3 泡沫陶瓷(对应表 3.2 中的"样品 C");(d) 0.05% 的 SDS 在 pH=7.1 时制备的 ZrO_2 泡沫陶瓷(对应表 3.2 中的"样品 E");(e),(f) 0.03% 的 CTAC 在 pH=9.8 时制备的 Si_3N_4 泡沫陶瓷的孔结构和孔壁形貌(对应表 3.2 中的"样品 G")

对于特定的陶瓷粉体,颗粒的吸引势能与颗粒之间的最短距离有关,如公式(3-1)所示:

$$V = -Ar/12H \qquad (3\text{-}1)$$

式中,V 是吸引势能,A 是哈梅克(Hamaker)常数,r 是粒子半径,H 是颗粒之间的最短距离。显然,颗粒间作用力随着颗粒间最短距离的减小而降低。用戊酸作为修饰剂制备的泡沫表现出颗粒聚集和不稳定性的特征是因为陶瓷颗粒之间产生了很强的团聚作用,而这种团聚很难通过机械搅拌破碎。与短链两亲分子(例如戊酸)相比,长链表面活性剂 SDS 和 CTAC 可以吸附到颗粒表面并在颗粒之间起到一定的空间位阻的作用,从而阻止相邻颗粒过于接近,即使产生团聚也是一种吸引力较弱的团聚。通过机械搅拌可以使液膜和气-液界面产生湍流,从而将这些弱团聚体破碎成单分散颗粒以达到对气泡的均匀包覆,如图 3.22 所示。这是以长链表面活性剂修饰粉体在等电点制备孔壁厚度均匀的稳定泡沫的原因。

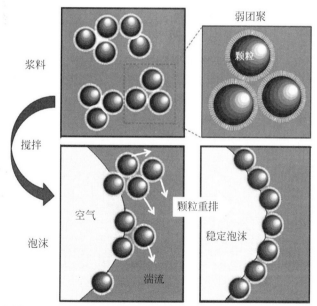

图 3.22　长链表面活性剂在等电点制备无团聚超稳定泡沫

3.7　本 章 小 结

本研究以无毒阴离子型长链表面活性剂 SDS 作为粉体的疏水化修饰剂和发泡剂,成功地制备了超稳定的 Al_2O_3 泡沫浆料和 ZrO_2 泡沫浆料。

SDS 在陶瓷颗粒表面具有很强的特异性吸附作用,可以有效提高粉体的疏水性。pH 值通过影响粉体表面化学状态对 SDS 在粉体表面的吸附行为有重要影响,最终影响陶瓷泡沫浆料的稳定性。

随着 pH 值的降低,SDS 吸附能力增加,粉体疏水程度(即接触角)增加。当 pH 值小于 9.0 时,SDS 在粉体表面的吸附能力较强,粉体具有足够大的疏水程度,因而可以制备稳定的泡沫浆料;当 pH 值大于 9.5 时,SDS 在粉体表面的吸附受到抑制,相应的粉体疏水程度较低,泡沫不稳定。SDS 具有很强发泡能力,可制备发泡倍率高达 7.0 以上的超稳定泡沫浆料。

颗粒 zeta 电位对泡沫稳定性有明显影响:较低的颗粒 zeta 电位是获得稳定泡沫的前提,30～40 mV 是稳定泡沫和不稳定泡沫的过渡区间。较高的颗粒 zeta 电位导致的颗粒之间的强排斥力阻止了颗粒在气-液界面处形成紧密组装的颗粒网络,因此颗粒在气-液界面的覆盖率降低,最终导致了泡沫的不稳定性。以上的研究发现将有助于从颗粒 zeta 电位和颗粒间排斥的角度出发理解泡沫失稳的机制,为颗粒稳定泡沫稳定性的调控提供指导。

本研究首次证明了以长链表面活性剂修饰颗粒可以在等电点制备超稳定、无团聚的泡沫浆料。吸附的长链表面活性剂在陶瓷颗粒之间起到一定位阻作用,因此颗粒间的弱团聚可以通过机械搅拌将其分散成单分散的颗粒以达到对气-液界面的均匀组装包覆。以上发现可以为在等电点制备超稳定浆料及泡沫陶瓷带来新思路。

第4章 超轻 Al_2O_3 泡沫陶瓷和 ZrO_2 泡沫陶瓷制备及性能调控

4.1 引　言

近年来,材料的轻量化成为一种重要的发展趋势,泡沫陶瓷气孔率的提高也成为研究重点之一。高气孔率的泡沫陶瓷因更多气相结构的引入从而充分发挥了其结构优势,因此具有更低的密度、更高的比表面积和更优异的抗热震性能,具备更为优异的隔热、过滤和透波等性能。高新技术的发展对泡沫陶瓷材料的气孔率水平提出了越来越高的要求,而目前泡沫陶瓷的气孔率一般被限制在95%以内,气孔率高于95%的泡沫陶瓷鲜有报道。泡沫陶瓷气孔率的提升将会进一步减少原料及能源消耗并有助于节约成本,同时对提高泡沫陶瓷的性能具有重大意义。

第3章选用无毒环保的长链表面活性剂 SDS 修饰陶瓷颗粒,制备出稳定的 Al_2O_3 颗粒稳定泡沫及 ZrO_2 颗粒稳定泡沫。在制备稳定泡沫浆料的基础上,本章将进一步研究具有超高气孔率(大于95%)的 Al_2O_3 超轻泡沫陶瓷、ZrO_2 超轻泡沫陶瓷以及 ZrO_2 增强 Al_2O_3 超轻泡沫陶瓷的制备及性能影响因素。本章将系统地研究 SDS 浓度、浆料固相含量和烧结温度等因素对泡沫陶瓷微观结构、气孔率和机械强度等性能的影响,并揭示高气孔率泡沫陶瓷抗压强度和气孔率之间的关系。

4.2 超轻 Al_2O_3 泡沫陶瓷制备及性能调控

4.2.1 Al_2O_3 泡沫陶瓷的微观结构

SDS 修饰陶瓷颗粒制备的稳定泡沫通过烧结可制备出气孔均匀完整的 Al_2O_3 泡沫陶瓷,其微观结构如图4.1所示。Al_2O_3 泡沫陶瓷的孔形貌继承了干燥泡沫坯体的微观形貌,其孔径分布范围是 $40\sim150~\mu m$,孔壁厚度均匀,为 $0.6\sim1.0~\mu m$,晶粒排列整齐。因为坯体孔壁很薄,仅由 $1\sim3$ 个颗粒层组成,因此烧结后得到的 Al_2O_3 的孔壁也很薄,为单晶粒层,这对于泡沫陶瓷高气孔率的获得是有益的。

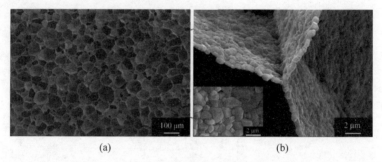

(a)   (b)

图 4.1 Al_2O_3 泡沫陶瓷孔结构(a)及孔壁形貌(b)

插图为晶粒形貌,制备条件(质量分数):20%固相含量,0.03%的 SDS,pH=7.5,烧结温度 1 550℃

4.2.2   SDS 浓度的影响

泡沫陶瓷的气孔率与浆料的发泡倍率有密切关系,显然浆料发泡倍率的提升有利于引入更多的气相从而可以提高最终泡沫陶瓷制品的气孔率。前面研究工作得出,SDS 添加量的不断增加可以降低界面张力,促进更多气体引入浆料,所以浆料的发泡能力逐渐提高并最终饱和。因此也就不难理解,泡沫陶瓷的气孔率随着 SDS 浓度的增加呈现出先增加随后趋于稳定的趋势,如图 4.2 所示。

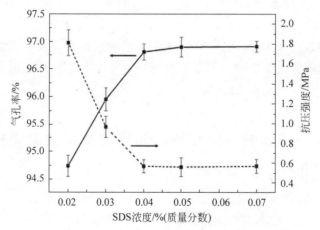

图 4.2 Al_2O_3 泡沫陶瓷性能随 SDS 浓度的关系

制备条件(质量分数):20%固相含量,pH=7.5,烧结温度 1 550℃

研究表明通过调节浆料中 SDS 的浓度可以有效调控陶瓷泡沫浆料的发泡倍率,从而调控烧结后泡沫陶瓷的气孔率。相应地,泡沫陶瓷的抗压强度随着气孔率的增加而降低,即随着 SDS 浓度的增加而降低。当 Al$_2$O$_3$ 泡沫陶瓷的气孔率为 95% 时,制品仍然具有较高的抗压强度,为 1.5 MPa,该强度满足许多保温隔热材料的强度标准(0.5 MPa)。

4.2.3　固相含量的影响

不同固相含量的浆料的发泡实验结果表明,固相含量为 8%～50%(质量分数)的 Al$_2$O$_3$ 浆料可制备孔结构均匀完整的 Al$_2$O$_3$ 泡沫陶瓷。当浆料固相含量低于 8% 时,制备的泡沫浆料非常不稳定,这是因为浆料中的 Al$_2$O$_3$ 陶瓷颗粒太少,不能在气-液界面上形成饱和吸附。需要指出的是,在较低固相含量(仍高于 8%)的条件下,过高的 SDS 浓度会使浆料具有很高的发泡倍率,这也会造成陶瓷颗粒太少不能在气-液界面上进行紧密组装,从而造成泡沫失稳[53]。因此陶瓷浆料的固相含量要和 SDS 浓度相匹配才能获得超稳定的泡沫浆料,其内在机理实际上是使浆料中的颗粒数量和气泡界面的总铺展面积相匹配以实现颗粒对气-液界面的完整紧密组装,才能实现气-液界面以及整个泡沫体系的稳定化。

通过调控浆料的固相含量,可以实现对 Al$_2$O$_3$ 泡沫陶瓷气孔率的有效调控。研究发现 Al$_2$O$_3$ 泡沫陶瓷气孔率随着浆料固相含量的降低而升高,如图 4.3 所示。固相含量的降低导致陶瓷浆料黏度降低,有利于机械搅拌

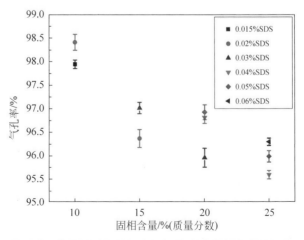

图 4.3　浆料固相含量对 Al$_2$O$_3$ 泡沫陶瓷气孔率的影响

制备条件:pH=7.5,烧结温度 1 550℃

过程中将更多空气引进陶瓷浆料中,使浆料的发泡倍率升高[28,56,73],所以气孔率随浆料固相含量的降低呈现增加的趋势。

4.2.4　烧结温度的影响

晶粒尺寸在所研究的温度范围内(1 500~1 600℃),随着烧结温度的增加并没有明显地长大,说明坯体的薄孔壁有利于抑制晶粒的过大生长。不同温度烧结所得 Al_2O_3 泡沫陶瓷的性能列于表 4.1 中。结果表明,泡沫陶瓷的线性收缩率随着烧结温度的升高而增加,气孔率随烧结温度的升高而降低,烧结过程中产生了较大的收缩。随着烧结温度的增加,颗粒之间充分生长,孔壁变厚,抗压强度得到提升。综上所述,可以在泡沫稳定的条件下通过调控表面活性剂 SDS 添加量、浆料的固相含量及烧结温度等实现对 Al_2O_3 泡沫陶瓷气孔率和强度的调控。

表 4.1　不同烧结温度制备 Al_2O_3 泡沫陶瓷的性能

烧结温度/℃	气孔率/%	抗压强度/MPa	线收缩率/%	晶粒尺寸/μm
1 500	97.53±0.08	0.42±0.06	28.9±0.4	0.79
1 550	96.96±0.12	0.63±0.04	32.2±0.3	0.74
1 600	96.66±0.07	0.74±0.05	36.7±0.6	0.76

注:15%(质量分数)的 Al_2O_3,0.02%(质量分数)的 SDS,pH=7.5。

4.3　超轻 ZrO_2 泡沫陶瓷制备及性能调控

4.3.1　ZrO_2 泡沫陶瓷的微观结构

图 4.4(a)和(b)为干燥的 ZrO_2 泡沫坯体和烧结制备的 ZrO_2 泡沫陶瓷的微观结构。与 Al_2O_3 泡沫类似,ZrO_2 泡沫也是由薄且均匀的孔壁组成,这得益于 ZrO_2 颗粒在气-液界面处的均匀自组装。图 4.4(c)和(d)显示了具有不同放大倍率的 ZrO_2 泡沫陶瓷的微观结构。ZrO_2 泡沫陶瓷呈现均匀的闭孔结构,孔径主要分布范围是 50~150 μm。生成的等轴 ZrO_2 晶粒尺寸均匀,平均晶粒尺寸为 0.29 μm。细小的 ZrO_2 晶粒尺寸有利于形成更多晶界,从而有助于提高泡沫陶瓷的隔热性能。

4.3.2　SDS 浓度的影响

ZrO_2 陶瓷浆料与 Al_2O_3 体系类似,随着 SDS 浓度的增加,其发泡能力

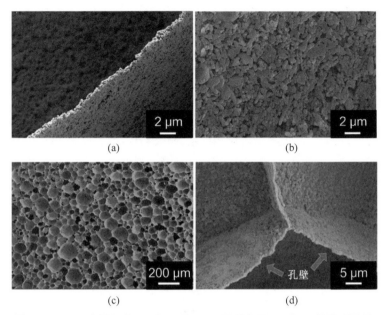

图 4.4   ZrO$_2$ 泡沫坯体(a)和(b)及 ZrO$_2$ 泡沫陶瓷(c)和(d)的微观形貌

0.03%(质量分数)的 SDS,pH=7.8,烧结温度 1 400℃

也随之增加,如图 4.5 所示。与浆料发泡能力相对应,泡沫陶瓷气孔率随着 SDS 浓度的增加而增加。ZrO$_2$ 泡沫陶瓷气孔率为(96.09±0.08)%时抗压强度为(2.04±0.10)MPa,在具备超高的气孔率的同时也显示了其具有良好的力学性能。

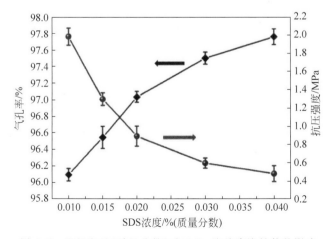

图 4.5   固相含量(质量分数)对 ZrO$_2$ 泡沫陶瓷性能的影响

4.3.3　固相含量的影响

图 4.6 所示的研究结果表明,调节固相含量可以调控泡沫陶瓷的性能。随着浆料固相含量的增加,所制备的 ZrO_2 泡沫陶瓷的气孔率下降,抗压强度升高。实验表明采用固相含量(质量分数)为 $15\%\sim40\%$ 的浆料可以制备稳定的 ZrO_2 泡沫。前述研究已经提到,减少固相含量会导致陶瓷浆料黏度降低。因此,气孔率随着固相含量的减少而增加。采用 15%(质量分数)

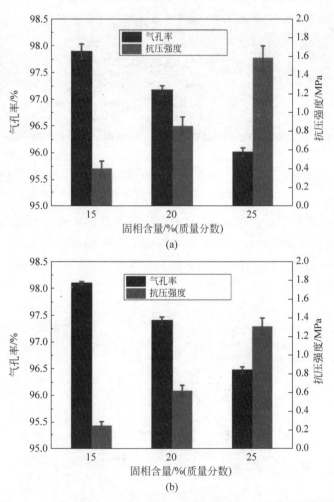

图 4.6　不同 SDS 含量(质量分数)时制备的 ZrO_2 泡沫陶瓷的性能

(a) 0.01%；(b) 0.02%

固相含量和 0.3%(质量分数)的 SDS 制备的 ZrO$_2$ 泡沫陶瓷具有(98.10±0.03)%的气孔率和(0.26±0.05)MPa 的抗压强度。之前的文献还未见气孔率超过 98.0%的 ZrO$_2$ 泡沫陶瓷的有关报道,这是目前国际上报道的气孔率最高的 ZrO$_2$ 泡沫陶瓷材料,是一种有潜力的轻质保温耐火材料。

4.3.4　烧结温度的影响

表 4.2 为在 1350～1500℃温度下烧结所得 ZrO$_2$ 泡沫陶瓷的性能。随着烧结温度的升高,ZrO$_2$ 泡沫陶瓷的气孔率降低,而抗压强度随之增加。由于烧结过程中泡沫的总质量是固定的,在较高的烧结温度下会加剧陶瓷致密化而产生更高的收缩率,因此不难理解温度升高会导致孔壁变厚以及气孔率降低。当烧结温度由 1 350℃升高到 1 500℃时,气孔率从(97.56±0.04)%降低到(96.45±0.13)%,抗压强度从(0.61±0.06)MPa 增加到(1.36±0.11)MPa。

表 4.2　不同温度烧结制备 ZrO$_2$ 泡沫陶瓷性能

烧结温度/℃	气孔率/%	抗压强度/MPa
1350	97.56±0.04	0.61±0.06
1400	97.42±0.06	0.62±0.02
1450	96.92±0.07	0.96±0.03
1500	96.45±0.13	1.36±0.11

注:20%(质量分数)固相含量,0.03%(质量分数)的 SDS,pH=7.8。

由于 ZrO$_2$ 陶瓷本征导热系数很低(一般在 1～3 W/(m·K)),高气孔率 ZrO$_2$ 泡沫陶瓷具有优异的保温性能,ZrO$_2$ 泡沫陶瓷气孔率为 97.9%时的导热系数为 0.0296 W/(m·K),略高于空气的导热系数(0.026 W/(m·K))。如此低的导热系数在无机泡沫材料中很少报道。图 4.7 展示了实验制备的两块大尺寸 ZrO$_2$ 泡沫陶瓷的宏观照片,这种可以大尺寸生产的 ZrO$_2$ 泡沫陶瓷由于具有较高的相对强度,超低的导热系数以及低成本、环保的制备工艺使其成为一种非常有潜力的高性能隔热保温材料。

图 4.7　块状 ZrO$_2$ 泡沫陶瓷的宏观照片

4.4　ZrO_2 增韧 Al_2O_3 泡沫陶瓷制备及性能研究

4.4.1　ZrO_2 增韧 Al_2O_3 泡沫陶瓷的微观结构

经过成分优化的复合陶瓷相比单相陶瓷通常表现出更为优异的机械强度,例如,ZrO_2 增强 Al_2O_3 陶瓷[74,75]在致密陶瓷材料中被广泛报道,但是对采用该增韧方法制备高气孔率泡沫陶瓷的研究还相对匮乏。本书之前的研究中已经在同样条件下分别制备了 Al_2O_3 颗粒稳定泡沫和 ZrO_2 颗粒稳定泡沫,所以,由 Al_2O_3 颗粒和 ZrO_2 颗粒协同稳定泡沫从理论上讲是可行的。本节探讨通过在 Al_2O_3 基体中引入 ZrO_2 相来制备气孔率高于95%的高强度 Al_2O_3 基泡沫陶瓷材料。

实验发现,在非常宽的 pH 值范围内(3.0～9.0),选用具有任意 Al_2O_3/ZrO_2 比例的混合陶瓷浆料均可以制备得到稳定的胶态泡沫,该泡沫浆料具有肉眼不可见的微小气泡以及良好的稳定性。如图4.8所示,泡沫静置两天后并未发生歧化、合并和塌陷等现象。Al_2O_3 颗粒与 ZrO_2 颗粒通过在气-液界面进行组装而稳定泡沫(见图4.8(c))。干燥的泡沫坯体由均匀分布的 Al_2O_3 颗粒与 ZrO_2 颗粒组成。为了实现泡沫陶瓷性能优化的同时尽可能地减少 ZrO_2 的用量,本实验选用的 Al_2O_3 颗粒和 ZrO_2 颗粒的质量比固定为4:1。

图4.9(a)展示了制备的大尺寸复合泡沫陶瓷,样品密度为 0.17 g/cm³。泡沫陶瓷具有近多面体形状的闭孔结构,如图4.9(b)所示。孔壁薄且无缺陷,厚度均匀,为 0.5～2.0 μm,如图4.9(c)和(d)所示。从孔结构和孔形貌上而言,Al_2O_3 泡沫陶瓷、ZrO_2 泡沫陶瓷和 ZrO_2 增强 Al_2O_3 泡沫陶瓷并无差别。

Al_2O_3 和 ZrO_2 两种陶瓷颗粒通过球磨在陶瓷浆料中良好分散,ZrO_2 颗粒均匀分布在 Al_2O_3 颗粒中。图4.10显示了烧结后的泡沫陶瓷中 Al_2O_3 和 ZrO_2 晶粒的分布情况,EDX 测试结果证实较暗的颗粒是 Al_2O_3 相,孔壁如图4.10(a)～(c)所示。可以看出,ZrO_2 相在 Al_2O_3 中的分布非常均匀,这对于提高增韧效果是有益的。

4.4.2　ZrO_2 增韧 Al_2O_3 泡沫陶瓷的抗压强度

本研究所制备的 Al_2O_3/ZrO_2 复合泡沫陶瓷具有优异的机械强度。例

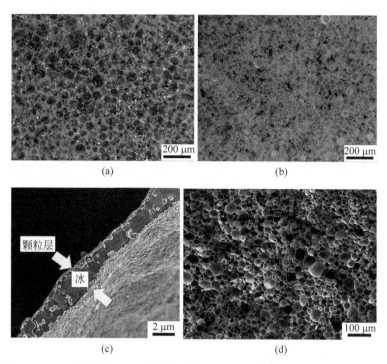

图 4.8　Al_2O_3 颗粒与 ZrO_2 颗粒协同稳定泡沫刚制备时的光学照片(a)和两
天后的光学照片(b)以及泡沫的冷冻扫描照片(c)和干燥泡沫坯体的
SEM 照片(d)

制备条件(质量分数)：Al_2O_3 含量 16%，ZrO_2 含量 4%，SDS 含量 0.03%

如,用 0.02%(质量分数)的 SDS 制备的复相泡沫陶瓷样品具有 96.11%的
气孔率和(1.52±0.09)MPa 的抗压强度,而用 0.03%(质量分数)的 SDS
制备的样品具有 96.70%的气孔率和(1.11±0.07)MPa 的抗压强度。将制
备的复相泡沫陶瓷的抗压强度与之前制备的具有同等气孔率水平的 Al_2O_3
泡沫陶瓷和 ZrO_2 泡沫陶瓷的抗压强度进行比较,如图 4.11(a)所示。对比
结果表明,Al_2O_3/ZrO_2 复相泡沫陶瓷与 Al_2O_3 泡沫陶瓷相比具有更高的
强度,仅略低于 ZrO_2 泡沫陶瓷的抗压强度。此外,所得复相泡沫陶瓷的抗
压强度和气孔率也远远高于文献[8]报道的其他方法制备的 Al_2O_3 泡沫陶
瓷。如此优异的力学性能得益于均匀分布的 ZrO_2 增韧相、均匀厚度的孔
壁和无缺陷的闭孔结构。

图 4.9　Al₂O₃ 颗粒和 ZrO₂ 颗粒协同稳定泡沫陶瓷的宏观照片(a),孔结构(b)
及孔壁形貌(c)和(d)
制备条件(质量分数):Al₂O₃ 含量 16%,ZrO₂ 含量 4%,SDS 含量 0.03%

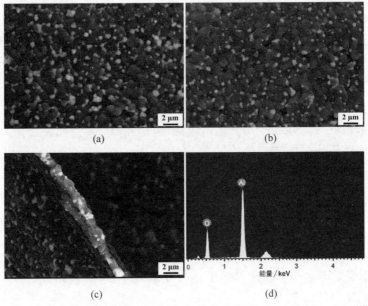

图 4.10　背散射模式拍摄的 ZrO₂/Al₂O₃ 泡沫陶瓷的 SEM 图(a)~(c)及深色
晶粒的 EDX 图谱(d)

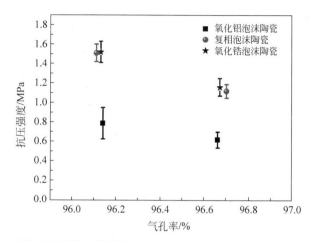

图 4.11　复相泡沫陶瓷与前期制备的具有同等气孔率水平的 Al$_2$O$_3$ 和 ZrO$_2$ 泡沫陶瓷的对比

4.5　超轻泡沫陶瓷微观结构及力学性能研究

4.5.1　超轻泡沫陶瓷微观结构调控

研究表明通过改变固相含量和 SDS 添加量,可以获得具有不同气孔率的 Al$_2$O$_3$ 泡沫陶瓷,其微观结构如图 4.12 所示。Al$_2$O$_3$ 泡沫陶瓷的平均孔径为 50～150 μm。研究结果表明,随着固相含量的降低,Al$_2$O$_3$ 泡沫陶瓷的气孔率增加,孔径呈增大趋势。除了固相含量外,搅拌速率、粉体粒径、浆料黏度和表面张力等诸多因素都对泡沫孔径大小有影响。前人的研究工作已经对这些影响因素进行过报道[2,27,28],因此本书将不再系统研究这些因素。

图 4.12 还说明孔形貌和泡沫陶瓷的气孔率水平具有相关性。当气孔率相对较低,低于 90% 时,陶瓷基体中的孔洞为典型的球形,孔壁是弧形的,如图 4.12(e)所示。随着气孔率的增加,孔形貌从球形逐渐向多面体转变。对于具有超高气孔率的泡沫陶瓷而言,特别是当气孔率超过 96% 时,孔形貌为典型的多面体形状,孔壁较薄,且厚度均匀,如图 4.12(f)所示。

相似的规律在 ZrO$_2$ 泡沫陶瓷中也被发现了,如图 4.13(a)～(c)所示,超高气孔率的 ZrO$_2$ 泡沫陶瓷孔洞也是非常标准的多面体形状。通过图 4.13(d)和(e)可以解释孔形貌与气孔率水平的关系。固相含量相对高的

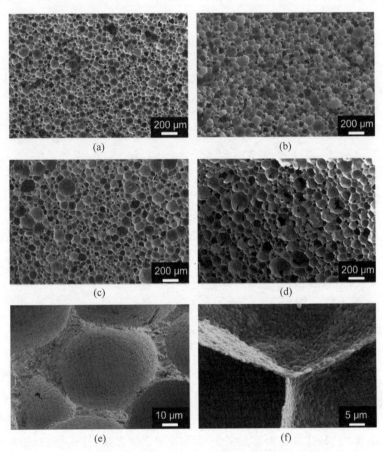

图 4.12　具有不同气孔率的 Al_2O_3 泡沫陶瓷的孔形貌

(a) 79.1%；(b) 86.7%；(c) 96.3%；(d) 98.1%；(e) 79.1%；(f) 98.1%

浆料具有高的黏度,发泡后的泡沫空气含量低,气泡为球形,如图 4.13(d)所示。在这种情况下,许多颗粒在多个气泡边界中累积,最终所获得的泡沫陶瓷具有球形孔洞和弧形孔壁,以及相对低的气孔率。固相含量相对较低的浆料,所得泡沫有超高的发泡倍率,空气含量高。在这种情况下,大量气泡在整个液体连续相中相互挤压以至于变形最终形成具有多面体形状的气泡,在几个相邻薄膜的交叉处依然为厚度比较均匀的液膜,如图 4.13(e)所示。因此,所获得的泡沫陶瓷孔洞为多面体形状,气孔由若干个厚度均匀的平面组成,孔壁是平直的。

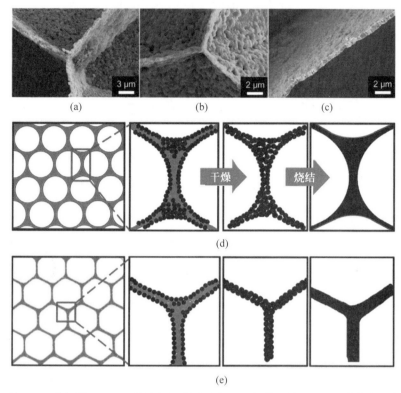

图 4.13　高气孔率 ZrO_2 泡沫坯体微观形貌(a),烧结后的 ZrO_2 泡沫陶瓷的典
型的微观结构(b)和(c),具有相对低气孔率和球形孔结构(d)及具有
高气孔率和多面体孔结构(e)的泡沫陶瓷的制备示意图

4.5.2　超轻泡沫陶瓷力学性能研究

抗压强度是评价泡沫陶瓷力学性能的最重要的指标,但目前高气孔率,特别是气孔率高于94%的泡沫陶瓷的抗压强度和气孔率的函数关系尚不清楚[76]。本节将根据本书研究获取的实验数据,研究气孔率为79%～98%的泡沫陶瓷抗压强度与气孔率之间的关系。

之前的研究工作已经表明,泡沫陶瓷的气孔率可以通过改变固相含量和表面活性剂 SDS 的添加量来调控。具体而言,固相含量的减少和 SDS 量的增加有利于气孔率的提升。表 4.3 和表 4.4 分别为不同条件制备的 Al_2O_3 泡沫陶瓷和 ZrO_2 泡沫陶瓷的抗压强度和气孔率。

表 4.3　不同条件制备的 Al_2O_3 泡沫陶瓷的抗压强度和气孔率

样品	固相含量/ %（质量分数）	SDS 浓度/ %（质量分数）	气孔率/%	抗压强度/MPa
A	50	0.022	79.08±0.09	13.51±0.42
B	45	0.022	83.42±0.06	6.88±0.31
C	43	0.024	86.74±0.05	5.21±0.29
D	40	0.024	88.53±0.16	4.01±0.37
E	35	0.024	90.07±0.15	3.18±0.33
F	30	0.024	93.83±0.04	1.61±0.19
G	25	0.022	94.62±0.19	1.42±0.23
H	25	0.028	95.51±0.14	1.01±0.07
I	25	0.031	95.88±0.12	0.97±0.06
J	20	0.024	96.15±0.21	0.75±0.19
K	15	0.014	96.37±0.19	0.66±0.14
L	20	0.035	96.59±0.08	0.65±0.06
M	15	0.018	96.66±0.05	0.62±0.07
N	20	0.041	96.91±0.12	0.57±0.04
O	15	0.021	97.14±0.11	0.45±0.03
P	15	0.024	97.53±0.08	0.40±0.05
Q	15	0.025	97.61±0.07	0.36±0.04
R	10	0.014	97.89±0.13	0.21±0.03
S	10	0.019	98.16±0.19	0.19±0.02

表 4.4　不同条件制备的 ZrO_2 泡沫陶瓷的抗压强度和气孔率

样品	固相含量/ %（质量分数）	SDS 浓度/ %（质量分数）	气孔率/%	抗压强度/MPa
A	20	0.11	95.44±0.21	2.13±0.08
B	20	0.15	95.99±0.11	1.79±0.13
C	25	0.28	96.45±0.06	1.36±0.11
D	25	0.31	96.51±0.12	1.31±0.09
E	20	0.19	96.92±0.14	0.96±0.06
F	20	0.21	97.18±0.09	0.85±0.09
G	20	0.27	97.41±0.07	0.62±0.04
H	20	0.31	97.48±0.03	0.58±0.06
I	15	0.18	97.76±0.08	0.48±0.08
J	15	0.21	97.87±0.14	0.41±0.07
K	15	0.27	98.11±0.05	0.24±0.04

　　本书为了研究抗压强度和气孔率之间的关系,将表中的抗压强度和气孔率数据首先通过指数函数模型进行拟合。Rice 模型是一种常用的模型,用于拟合抗压强度和气孔率之间的结果,适用于多种孔隙特征,由 Ryshkewitch[77] 和 Duckworth 提出,并进一步发展为著名的 Rice 方程[22,78],如公式(4-1)所示:

$$\sigma = \sigma_0 \exp(-bP) \tag{4-1}$$

式中,σ 和 σ_0 分别是泡沫陶瓷和致密陶瓷的抗压强度,P 为泡沫陶瓷的气孔率,b 为常量,取决于结构和材料组成。式(4-1)可以通过变换变形为公式(4-2):

$$\ln\sigma = C - bP \tag{4-2}$$

式中,C 是常数。由式(4-2)可知,若拟合结果与 Rice 模型一致,则抗压强度的自然对数与气孔率呈线性相关。

　　Al$_2$O$_3$ 泡沫陶瓷抗压强度拟合结果如图 4.14(a)所示。从图 4.14(a)可以看出,数据点在整个气孔率范围内与 Rice 模型并不完全相符。但是,在气孔率范围为 79%～94.5% 时,数值与 Rice 模型吻合良好。因此,只选取气孔率为 79.0%～94.5% 的范围,以抗压强度的自然对数作为因变量,以气孔率作为自变量进一步检查其拟合程度,见图 4.14(b)。拟合结果的 Adj R-square(相关系数)值高达 0.986,显示了高度相关性。以上研究表明,泡沫陶瓷在 79.0%～94.5% 气孔率范围时,抗压强度可用 Rice 模型描述,如公式(4-3)所示:

$$\ln\sigma = 13.88 - 14.22P \tag{4-3}$$

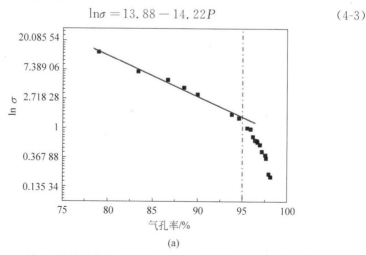

(a)

图 4.14　Al$_2$O$_3$ 泡沫陶瓷抗压强度与气孔率之间的 Rice 模型拟合结果
　　(a)～(c)以及线性关系拟合结果(d)

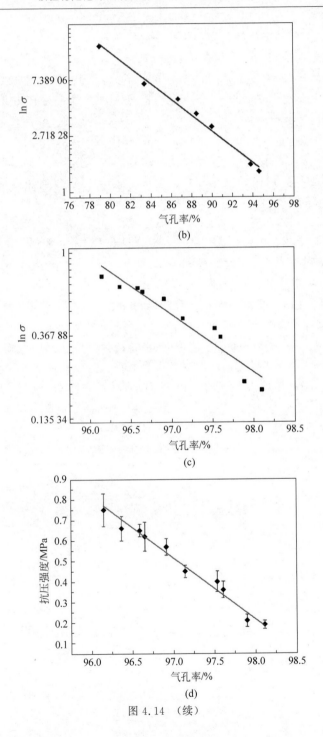

图 4.14 （续）

　　对气孔率超过 95% 的实验数据也通过 Rice 模型进行了检验，如图 4.14(c)所示，拟合结果很差，相关系数值仅为 0.909。由此可见，对于具有 95% 以上的超高气孔率的泡沫陶瓷而言，Rice 模型不再适用。

　　通过不同类型的函数形式进行拟合分析，发现当气孔率超过 94.5% 时，泡沫陶瓷的抗压强度与气孔率之间的关系可以用线性函数关系进行描述。由图 4.14(d)可以看出，与 Rice 模型相比，线性拟合结果显示了很高的相关系数值，为 0.982。Al_2O_3 泡沫陶瓷抗压强度和气孔率之间的关系可用线性拟合公式(4-4)表达：

$$\sigma = 26.70 - 30.02P \tag{4-4}$$

　　为进一步论证所提出的线性方程的可靠性，同样对具有超高气孔率(气孔率在 95% 以上)的 ZrO_2 泡沫陶瓷的抗压强度和气孔率进行了线性拟合。如图 4.15 所示，具有超高气孔率的 ZrO_2 泡沫陶瓷的抗压强度和气孔率之间的线性拟合结果良好，具有非常高的拟合度，相关系数值高达 0.989。

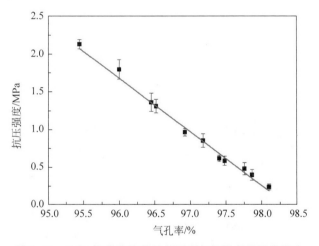

图 4.15　ZrO_2 泡沫陶瓷的抗压强度与气孔率的线性拟合

　　气孔率高于 95% 的 ZrO_2 泡沫陶瓷的抗压强度和气孔率之间的关系可以表达为

$$\sigma = 69.74 - 70.89P \tag{4-5}$$

　　上述拟合结果表明，泡沫陶瓷的抗压强度与气孔率之间的关系取决于气孔率水平。在相对低气孔率(低于 95%)的情况下，泡沫陶瓷的抗压强度可用 Rice 模型来描述。当气孔率高于 95% 时，可以通过线性方程很好地表达和预测泡沫陶瓷的抗压强度。

除抗压强度外,具有不同气孔率水平的泡沫陶瓷承受破坏的能力也不相同。Chuanuwatanakul 等已经证实[62],在锤击试验下泡沫陶瓷可以避免灾难性破坏,这是由裂纹尖端钝化机制造成的,他们认为泡沫结构因为空腔的存在具有阻碍裂纹扩展的作用(即钝化作用),有效地阻止了裂纹在外力作用下的传播,因此泡沫陶瓷在外力作用下只是局部被破坏,但仍能保持整体的完整性。

本节进一步研究了不同气孔率水平的泡沫陶瓷的抑制裂纹扩展的能力。实验发现,钻孔后泡沫陶瓷断裂情况与泡沫陶瓷的尺寸和厚度有关,大尺寸样品可以更容易在钻孔后避免整体发生断裂,而小尺寸和较薄的样品容易在钻孔后发生整体断裂。所以,为了避免样品尺寸的干扰,本研究将所有泡沫陶瓷加工成具有相同尺寸的试样用于锤击实验。值得注意的是,钻孔后泡沫陶瓷的断裂情况也与钉子的直径有关,本实验选取了直径分别为 1.98 mm 和 3.41 mm 的钉子进行锤击钻孔测试。

测试结果表明,所有 Al_2O_3 泡沫陶瓷在用直径为 1.98 mm 的钉子钻孔后都可以保持完整。然而,对于直径为 3.41 mm 的钉子,气孔率低于 84% 的试样在钻孔后发生整体破坏(见图 4.16(a)),而气孔率高于 93% 的样品即使在多次锤击钻孔后仍然可以保持整体的完整,如图 4.16(b)所示。这说明,较高气孔率的泡沫陶瓷具有较强的抑制裂纹扩展的能力。

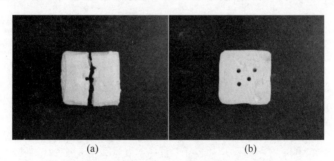

(a)　　　　　　　　　　　(b)

图 4.16　不同气孔率的 Al_2O_3 泡沫陶瓷钻孔后的断裂情况

试样厚度为 6 mm,钉子直径为 3.41 mm

(a)气孔率为 79.2%;(b)气孔率为 96.4%

4.6　化学发泡制备超轻泡沫陶瓷

前面的研究通过机械搅拌制备了气孔率高达 98% 的 Al_2O_3 泡沫陶瓷和 ZrO_2 泡沫陶瓷。那么该气孔率水平是否已经到达极限了呢? 本节探究为进一步提高气孔率的极限,利用过氧化氢(H_2O_2)和催化剂二氧化锰(MnO_2)进行化学发泡制备泡沫陶瓷的方法。

本节基于颗粒稳定泡沫技术,以 SDS 为颗粒表面的疏水化修饰剂,用超低固相含量(5%～10%,质量分数)的 Al_2O_3 浆料制备颗粒稳定泡沫。实验时,每次称取质量为 30 g 的浆料,加入一定量的 SDS 和过氧化氢后,调节 pH 值到 6.0,在转速为 500 r/min 时向机械搅拌器内加入称量好的 MnO_2(微观形貌如图 4.17 所示),并维持这个较低的转速使 MnO_2 分散均匀。

图 4.17　所用 MnO_2 的微观形貌

4.6.1　H_2O_2 和 MnO_2 含量对发泡性能的影响

本节首先研究 MnO_2 对发泡性能的影响,如图 4.18 所示。发泡实验中,MnO_2 主要起催化 H_2O_2 分解的作用,改变 MnO_2 的加入量可调节发泡速率的快慢,随着 MnO_2 的增加,H_2O_2 的分解速度加快,因此发泡所用时间相应减少。

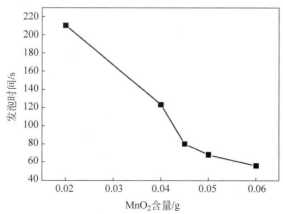

图 4.18　MnO_2 加入量对发泡时间的影响

H_2O_2 的加入量对浆料的发泡时间(见图 4.19)以及发泡倍率(见图 4.20)有着很大的影响。在一定含量的 MnO_2 的催化作用下,H_2O_2 含量越多则发泡所需时间越长,发泡倍率也越高。在保证稳定的前提下,加入适量的 H_2O_2 可以制备得到超稳定的泡沫。在 H_2O_2 发泡过程中,使用 500 r/min 的低速机械搅拌,只是为了避免较大气泡的产生,使气泡混合均匀,如此低的转速并不能起到发泡作用,因此浆料发泡的原理是化学发泡,而非机械搅拌发泡。

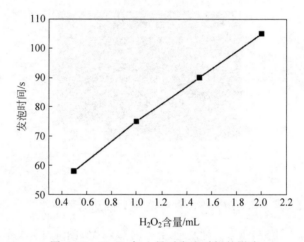

图 4.19　H_2O_2 加入量对发泡时间的影响

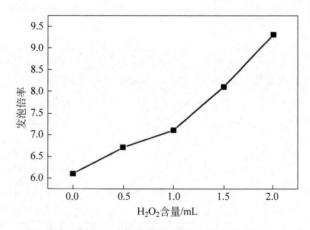

图 4.20　H_2O_2 加入量对发泡倍率的影响

研究发现,泡沫稳定性与固相含量和发泡倍率有关,而发泡倍率可以通过调控固相含量和 H_2O_2 加入量控制。之前的研究工作表明,机械搅拌发泡法制备稳定泡沫所要求的固相含量的下限值为 7.8%(质量分数)。而颗粒稳定泡沫法结合 H_2O_2 化学发泡可以在更低的固相含量(5%,质量分数)下制备超稳定泡沫,如表 4.5 所示。

表 4.5　不同条件制备的泡沫浆料的稳定性

样品	固相含量/ %(质量分数)	H_2O_2 加入 量/mL	MnO_2 含量/g	发泡倍率	状态
A1	10	1.0	0.020	5.7	稳定
A2	10	1.5	0.036	7.8	稳定
A3	10	2.0	0.043	9.5	稳定
B1	7	1.0	0.030	7.1	稳定
B2	7	1.5	0.035	7.8	稳定
B3	7	2.0	0.042	9.5	稳定
C1	5	1.0	0.030	7.2	稳定
C2	5	1.5	0.035	8.1	不稳定
C3	5	2.0	0.040	9.6	不稳定
D1	3	1.0	0.030	7.4	不稳定
D2	3	1.5	0.040	8.1	不稳定

如果固相含量低于某个临界值,颗粒数量过少以至于无法在气-液界面上形成完整、紧密的组装,就会导致泡沫失稳[53]。而本节采用的化学发泡法能够将固相含量的极限值进一步降低至质量分数 5.0%(即体积分数 1.3%)。这是因为相比机械发泡法而言,化学发泡法得到的气泡尺寸更大,因此泡沫体系的气-液界面的总铺展面积更小,所以实现界面的紧密组装所需要的颗粒含量也就更少。实际上,临界固相含量受多种因素影响,包括发泡倍率和气泡孔径。而发泡倍率又受 SDS 浓度、H_2O_2 浓度和浆料黏度等多种因素影响。固相含量需要和以上多种参数匹配才能实现泡沫稳定化,其内在本质实际上是浆料中的颗粒数量需要和气-液界面的总铺展面积匹配,以实现颗粒对气-液界面的完整紧密组装。SDS 浓度增加,H_2O_2 浓度增加,浆料黏度的降低有利于发泡倍率和气-液界面面积的增加。而同样发泡倍率的情况下,气泡孔径的降低也会导致气-液界面面积的增加。

4.6.2　化学发泡法制备超轻泡沫陶瓷的性能

本节中,通过化学发泡法制备的超轻 Al_2O_3 泡沫陶瓷的气孔率及抗压强度如表 4.6 所示。随着固相含量增加,泡沫陶瓷气孔率降低。当气孔率超过 98% 之后,抗压强度仍然可以达到 $0.1 \sim 0.3$ MPa。这是国际上首次报道的利用亚微米粉体为原料制备的气孔率高达 99% 的 Al_2O_3 泡沫陶瓷。

表 4.6 不同制备条件下 Al_2O_3 泡沫陶瓷性能

固相含量/ %(质量分数)	H_2O_2 含量/mL	MnO_2 量/g	气孔率/%	抗压强度/MPa
10	1.5	0.036	98.41	0.25
10	2.0	0.043	98.60	0.18
6	0.5	0.150	99.04	0.03
6	1.0	0.040	98.62	0.12
6	1.5	0.060	98.22	0.30
5	1.0	0.023	98.72	0.16

烧结后的高气孔率 Al_2O_3 泡沫陶瓷的微观形貌如图 4.21 所示,由于化学发泡所形成的气泡大小不均匀,烧结之后形成的孔洞尺寸也大小不一,气孔之间的孔壁非常纤薄(见图 4.22),这也是所制备的 Al_2O_3 泡沫陶瓷气孔率能高达 98% 以上的原因之一。对气孔率为 98.72% 的 Al_2O_3 泡沫陶瓷孔径分布进行分析,如图 4.23 所示。统计结果发现大部分气孔孔径为 $0.10 \sim 0.30$ mm,其中 $0.16 \sim 0.20$ mm 的气孔超过 60%,甚至还会有相当一部分的气孔大于 0.30 mm。假设泡沫陶瓷孔壁厚度一定,不难算出气孔的孔径越大所制备的泡沫陶瓷气孔率就会越大,这也是化学发泡法制备的泡沫陶瓷的气孔率水平如此之高的另一个重要原因。

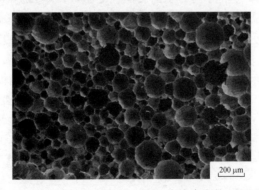

200 μm

图 4.21 化学发泡法制备的 Al_2O_3 泡沫陶瓷的 SEM 照片

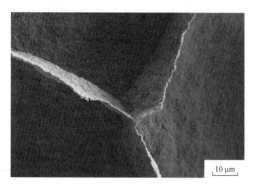

图 4.22　化学发泡法制备的 Al_2O_3 泡沫陶瓷孔壁的 SEM 照片

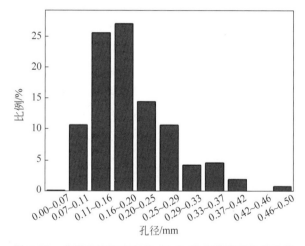

图 4.23　化学发泡法制备的 Al_2O_3 泡沫陶瓷的孔径分布

4.7　本 章 小 结

本章基于 SDS 制备的超稳定泡沫,首次以亚微米级的陶瓷粉体制备了气孔率高于 96%,最高气孔率可高达 99% 的高气孔率 Al_2O_3 泡沫陶瓷、ZrO_2 泡沫陶瓷以及 ZrO_2 增韧 Al_2O_3 复相泡沫陶瓷。所制备的气孔率为 95.0% 的 Al_2O_3 泡沫陶瓷抗压强度是 1.5 MPa,气孔率为 97.5% 的 ZrO_2 泡沫陶瓷抗压强度为 0.6 MPa。

研究表明在泡沫稳定的条件下,通过调控 SDS 添加量、浆料的固相含量和烧结温度等因素,可以实现对 Al_2O_3 泡沫陶瓷性能的调控。随着 SDS

添加量的增加和固相含量的降低,气孔率随之增加。气孔率随烧结温度的升高而降低。通过在 Al_2O_3 中引入均匀分散的 ZrO_2 制备了气孔率高于 95％的高强度 ZrO_2 增韧 Al_2O_3 复相泡沫陶瓷,ZrO_2 晶粒均匀分散在 Al_2O_3 晶粒中,起到明显的增强作用。气孔率为 96.7％的 ZrO_2 增韧 Al_2O_3 复相泡沫陶瓷抗压强度高达 1.11 MPa。

随着气孔率的增加,泡沫陶瓷的孔形貌从球形向多面体转变。气孔率低于90％的泡沫陶瓷为典型的球形孔,而气孔率高于96％的泡沫陶瓷为标准的多面体形状,具有平直且厚度均匀的孔壁。抗压强度与气孔率之间的函数关系取决于气孔率水平。当气孔率为79％～94％时,泡沫陶瓷的抗压强度与 Rice 模型吻合良好。首次揭示了气孔率在95％以上的超轻泡沫陶瓷抗压强度与气孔率之间的线性关系。

本章通过化学发泡结合颗粒稳定泡沫进一步提高了泡沫陶瓷的气孔率,制备出气孔率高达99％的 Al_2O_3 泡沫陶瓷,通过调控 MnO_2 和 H_2O_2 含量可调控发泡速率和发泡能力。化学发泡可以在质量分数 5.0％(即体积分数 1.3％)的超低固相含量下制备超稳定泡沫陶瓷。泡沫稳定性与固相含量和发泡倍率有关,其内在机理实际上是浆料中的颗粒数量需要和气-液界面的总铺展面积匹配,以实现颗粒对气-液界面的完整紧密组装,才能实现气-液界面以及整个泡沫体系的稳定化。

第 5 章　陶瓷泡沫坯体的强化

5.1　引　言

第 4 章以 SDS 为长链表面活性剂制备了前所未有的高气孔率的泡沫陶瓷。然而,泡沫坯体强度非常弱,这是因为干燥的陶瓷泡沫坯体仅仅依靠陶瓷粉体之间的范德华引力(这个力的大小主要取决于粉体的哈马克常数和颗粒的大小)保持整体完整,所以强度很低。泡沫坯体,尤其是大尺寸的泡沫坯体,在受外力作用下很容易破碎,因此泡沫坯体的强化对大尺寸泡沫陶瓷样品的制备以及工业化生产都具有重要意义。

利用无机凝胶材料或者水溶性高分子进行坯体增强是可行的方法。从理论上讲,如果能成功把增强相均匀分散在陶瓷粉体中,就可以实现泡沫坯体的强化。但难点是泡沫浆料的稳定条件十分严苛,坯体增强剂的引入在一定程度上对泡沫的稳定性有潜在的不利影响,甚至可能会抑制浆料的起泡。因此,在浆料引入添加剂的情况下实现对泡沫浆料稳定性的调控是泡沫坯体强化的关键。本章使用 SDS 作为表面活性剂,探讨通过铝酸钙水化反应、琼脂凝胶和 PVA 溶液的冷冻解冻来提高泡沫坯体强度的方法。

5.2　铝酸钙水泥水化反应强化泡沫坯体

为解决陶瓷泡沫坯体强度低的问题,本节首先通过加入少量的铝酸钙水泥利用其水化反应增强 Al_2O_3 泡沫坯体的强度。表 5.1 为铝酸钙水泥原料的化学组成(质量分数)。首先将铝酸钙粉体和去离子水以固定比例混合,在行星球磨机上球磨 48 h 得到固相质量含量为 10% 的铝酸钙水泥浆料。再将陶瓷粉体和去离子水以固定比例混合,在滚筒球磨机上球磨 2 h 得到固相质量含量为 50% 的陶瓷浆料。最后取球磨好的 200 g 铝酸钙水泥浆料和 400 g 陶瓷浆料混合并调整 pH 值到 9.0 左右。用机械搅拌机进行高速搅拌使浆料发泡,制备的泡沫在常温常压下干燥 120 h。

表 5.1　铝酸钙水泥原料的化学组成

成　　分	Al_2O_3	CaO	Na_2O	SiO_2	MgO	Fe_2O_3	其他
含量/%（质量分数）	75.6	23.01	0.414	0.369	0.245	0.183	0.179

图 5.1 为铝酸钙水泥增强后的 Al_2O_3 泡沫陶瓷坯体的微观形貌。可以看到颗粒之间结合良好，由于铝酸钙水泥的水化、胶凝和硬化，颗粒之间产生了化学键力，而不仅仅是范德华力，从而使坯体具有更高的强度，所制备的 Al_2O_3 基泡沫坯体气孔率为 91.1% 时，抗压强度为 0.05 MPa。

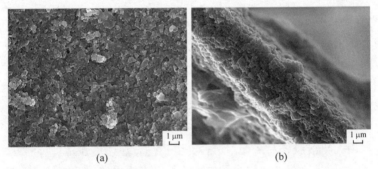

(a)　　　　　　　　　　　　　　　(b)

图 5.1　用铝酸钙水泥增强的 Al_2O_3 泡沫坯体的颗粒紧密排布的 SEM
照片(a)及泡沫孔壁断面的 SEM 照片(b)

泡沫观测结果表明，铝酸钙水泥的加入并未影响泡沫浆料的稳定性。实际上，本研究也通过实验论证了，即使采用铝酸钙水泥颗粒作为唯一原料也可以制备稳定的胶体泡沫。说明 SDS 可作为表面修饰剂有效提高铝酸钙颗粒的疏水性。干燥后的铝酸钙增强泡沫坯体如图 5.2 所示，所制备的大样品坯体具有一定强度，其内部也并无裂纹产生（见图 5.2(b)），这意味着大尺寸泡沫陶瓷样品的工业化生产成为可能。随着烧结温度的升高，样品的收缩率不断增加，气孔率降低，抗压强度增加，见表 5.2。

表 5.2　不同烧结温度制备的样品的线收缩率、气孔率和抗压强度

烧结温度/℃	线收缩率/%	气孔率/%	抗压强度/MPa
1 400	15.0	89.55	6.04
1 500	17.5	87.45	7.67
1 550	18.6	85.31	8.44

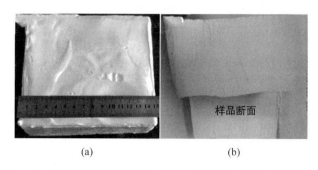

(a)　　　　　　　　　　　　(b)

图 5.2　铝酸钙水泥增强后的 Al_2O_3 泡沫陶瓷坯体的宏观照片

(a) Al_2O_3 泡沫陶瓷坯体表面；(b) 样品细腻无裂纹的切面

5.3　琼脂凝胶增强泡沫坯体

虽然使用无机凝胶材料可以有效改善泡沫坯体的强度,但是也不可避免地引入了钙元素等杂质,这在一定程度上弱化了 Al_2O_3 泡沫陶瓷的强度和高温性能。从这个角度来讲,有机胶凝体系具有可以高温排除且不引入杂质的优势。琼脂是从海藻中提取出来的多糖,它是用途最为广泛的一种海藻胶,相比凝胶注模常用的丙烯酰胺体系而言,具有无毒、环保、成本低廉等诸多优势。

本节使用琼脂制备 Al_2O_3 泡沫陶瓷的工艺如下：①通过球磨制备水基 Al_2O_3 浆料；②将加入 SDS 后的浆料 pH 值调节至 6.5；③将温度为 80℃ 的琼脂溶液加入到预热的浆料中,通过机械搅拌(转速为 2000 r/min)发泡；④将泡沫快速填充到模具中。需要注意的是,为了避免琼脂提前凝胶,整个发泡过程在水浴中完成,保持温度大于 50℃。考虑到较低的固相含量有利于高气孔率泡沫的制备,本节采用的 Al_2O_3 浆料的固相含量相对较低,为 20%(质量分数)。

实验发现,琼脂浓度对 Al_2O_3 泡沫的稳定性具有显著影响,如表 5.3 所示。一般来说,高浓度添加剂的引入往往会影响泡沫稳定性。对于琼脂而言,当其浓度高于质量分数 0.5%(基于总浆料质量)时,泡沫开始变得不稳定。通过对粉体疏水性进行考察,发现琼脂的加入并不会影响 SDS 对 Al_2O_3 的修饰,如图 5.3 所示,而且 Al_2O_3 依然有较高的疏水角,为 55.6°。

表 5.3　Al₂O₃ 泡沫浆料的稳定性与琼脂浓度（质量分数）之间的关系

琼脂浓度/%	SDS 浓度/%	泡沫稳定性
0.25	0.06	稳定
0.50	0.06	稳定
0.75	0.06	不稳定
1.00	0.06	不稳定

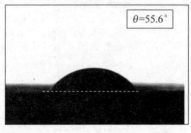

图 5.3　Al₂O₃ 颗粒的接触角（加入质量分数 0.06% 的 SDS 和 0.75% 的琼脂）

表 5.4 为将增强后的泡沫坯体强度与未强化的对照组进行比较后的结果，干燥后的泡沫坯体的强度由于琼脂分子的交联作用提高了。图 5.4 为琼脂增强的 Al₂O₃ 泡沫的微观结构，Al₂O₃ 泡沫具有薄而均匀的孔壁和完整的孔洞结构。

表 5.4　琼脂凝胶泡沫坯体的强度

样品	琼脂浓度/%（质量分数）	气孔率/%	抗压强度/MPa
A	0	96.7±0.2	<0.01
B	0.5	96.1±0.5	0.05±0.02

图 5.4　加入质量分数分别为 0.06% 的 SDS 和 0.50% 的琼脂制备的
Al₂O₃ 泡沫坯体的 SEM 微观形貌
右上角插图为孔壁形貌

图 5.5 进一步说明了琼脂凝胶对 Al_2O_3 泡沫坯体强度的提高具有显著作用。不采用增强措施的对照坯体在 10 g 重物的压力下完全破碎,而增强后的坯体强度能够抵抗一定的外界压力,足可以支撑一颗质量为 60.1 g 的 ZrO_2 球。

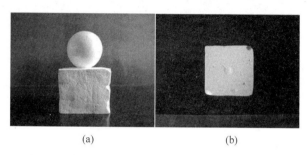

(a)　　　　　　　　　　(b)

图 5.5　用 ZrO_2 实心球(质量为 60.1 g)测试 0.5%(质量分数)琼脂
　　　　增强后的泡沫坯体的抗压能力

(a) 坯体支撑实心球照片;(b) 坯体表面的实心球压痕

琼脂增强 Al_2O_3 泡沫坯体的热失重曲线(见图 5.6,其中虚线为质量变化与烧结温度的关系)表明随着温度的升高有机物在 550℃ 以上完全烧除。根据热失重曲线,本节泡沫陶瓷的烧结制度是以 2℃/min 的升温速率加热到 600℃,保温 2 h 进行排胶,并进一步以 5℃/min 的升温速率加热到 1 550℃。

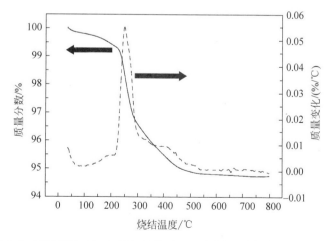

图 5.6　琼脂增强 Al_2O_3 泡沫坯体的热失重曲线(升温速率:5℃/min)

添加琼脂后,孔壁出现了一些小的开口气孔,如图 5.7 所示,这些孔壁上的开口使不同气孔之间得以相互连通。开孔的出现可能是由于陶瓷颗粒之间连接不够紧密,局部位置在烧结过程中发生了断裂所致。

(a)   (b)

图 5.7　加入质量分数分别为 0.06% 的 SDS 和 0.50% 琼脂制备的 Al_2O_3
泡沫陶瓷的 SEM 照片
(a) 孔洞结构; (b) 孔壁结构

5.4　PVA 冷冻解冻增强泡沫坯体

PVA 增强泡沫坯体的制备过程如下:将加入 SDS 和一定量的 PVA(本节中所述的 PVA 浓度是基于最终浆料的总质量)的浆料的 pH 值调节至 5.0,随后进行发泡。将机械搅拌后得到的 Al_2O_3 泡沫浆料立即在冰箱中冷冻 24 h,并在室温下解冻 12 h。将冻融过程重复两次以使 PVA 充分结晶。PVA 冷冻解冻工艺在水凝胶和生物等领域受到广泛关注,而对这种增强陶瓷坯体的方法还缺乏研究。

5.4.1　PVA 对泡沫稳定性的影响

研究发现 PVA 的浓度同样对 Al_2O_3 泡沫浆料的稳定性具有显著影响,如表 5.5 所示。当 PVA 浓度超过 2.0%(质量分数)时,泡沫不能长时间保持稳定性。因此,有必要阐明 PVA 是否影响 SDS 在 Al_2O_3 颗粒上的吸附。对不同 PVA 含量下 SDS 在陶瓷颗粒上的吸附能力进行研究,如表 5.6 所示。在不添加 PVA,加入 1.0%(质量分数)的 PVA 和加入 2.0%(质量分数)的 PVA 情况下,吸附在 Al_2O_3 颗粒表面的 SDS 比例均超过 95%,表明 PVA 并不会抑制 SDS 在 Al_2O_3 颗粒表面上的吸附。

表 5.5　Al₂O₃ 泡沫浆料的稳定性与 PVA 添加量之间的关系(质量分数)

PVA 浓度/%	SDS 浓度/%	稳定性
0.50	0.04	稳定
1.00	0.04	稳定
2.00	0.04	不稳定

表 5.6　不同 PVA 浓度时 Al₂O₃ 颗粒对 SDS 的吸附情况

PVA 浓度/%(质量分数)	SDS 加入量/mg/L	SDS 吸附率/%
0	250	96.5
1.0	250	98.0
2.0	250	99.9

图 5.8 表明加入 PVA 后 Al_2O_3 颗粒的接触角依然满足制备颗粒稳定泡沫的要求(大于 30°),即 PVA 并不会通过影响 SDS 在 Al_2O_3 颗粒表面的吸附而造成泡沫失稳,因为 Al_2O_3 颗粒吸附了大量 SDS 并具有合适的疏水性。

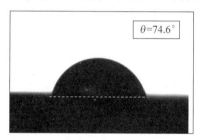

图 5.8　Al_2O_3 颗粒的接触角(加入 0.04%(质量分数)的 SDS 和
1.0%(质量分数)的 PVA)

综上所述,高浓度的琼脂和 PVA 的加入并没有影响 SDS 对粉体的修饰,也没有影响粉体的疏水性的改善。因此,本研究推测高浓度的琼脂和 PVA 分子可能和 Al_2O_3 颗粒在泡沫的气-液界面上存在竞争吸附,这在一定程度上抑制了 Al_2O_3 颗粒在气泡界面的完全组装,从而造成了泡沫的不稳定。

5.4.2　PVA 冷冻解冻对泡沫坯体的增强

虽然琼脂和 PVA 的加入量受到限制,但是在保证泡沫浆料稳定性的前提下,泡沫坯体的强度得到了明显地强化,特别是 PVA 冷冻解冻工艺能够大幅提高坯体的强度,强度高达 0.16 MPa,如表 5.7 所示。这是由于在

PVA 冷冻解冻过程中会形成 PVA 微结晶体[79]，此时 PVA 分子间的作用力不再是单纯的范德华力，而是很强的化学键力，这是坯体强度大幅提高的关键。

表 5.7　Al₂O₃ 泡沫坯体的强度对比

样品	PVA 浓度/%（质量分数）	气孔率/%	抗压强度/MPa
A	0	96.7±0.2	<0.01
B	1.0	97.1±0.4	0.16±0.02

图 5.9 展示了 1.0%（质量分数）的 PVA 经两次冷冻解冻工艺制备的气孔率为 97.4% 的大尺寸 Al₂O₃ 泡沫坯体，其较高的强度可以满足切割和雕刻的操作需要。为更加直观地表征 Al₂O₃ 泡沫坯体增强后的力学性能的改善效果，依然用 ZrO₂ 实心球进行抗压实验，如图 5.10 所示。增强后的泡沫坯体强度足够支撑 60.1 g 重物的压力而保持整体的完整，仅仅在表面留下了一个小压痕，这充分说明了 PVA 冷冻解冻工艺可以有效提高泡沫坯体强度。

图 5.9　PVA 冷冻解冻法制备的大尺寸 Al₂O₃ 泡沫坯体的照片

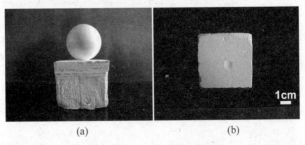

(a)　　　　　　　　　(b)

图 5.10　ZrO₂ 实心球（质量为 60.1 g）测试 1.0%（质量分数）的 PVA 冷冻解冻
增强泡沫坯体的抗压能力
(a) 坯体支撑实心球的照片；(b) 坯体表面的实心球压痕

　　图 5.11 是 PVA 冷冻解冻制备的泡沫坯体的 SEM 照片。由图 5.11 可以观察到,PVA 冷冻解冻后的坯体孔壁产生了褶皱变形,这是因为水在低温凝固的过程中,冰晶会逐渐生长,而随着水晶的生长,坯体孔壁发生细微的挤压变形,从而导致褶皱的出现。因此与传统泡沫坯体不同,通过 PVA 冷冻解冻法制备的泡沫坯体孔壁是充满褶皱的。

图 5.11　加入质量分数为 1.0% 的 PVA,冷冻解冻两次制备的
Al$_2$O$_3$ 泡沫坯体的 SEM 照片

5.4.3　PVA 冷冻解冻法制备泡沫陶瓷的微观结构及力学性能

　　PVA 增强 Al$_2$O$_3$ 泡沫坯体的热失重曲线(见图 5.12)表明:PVA 在约 220℃ 开始分解,在 220～300℃ 分解速度较快。温度进一步升高到 550℃ 以上时,大部分 PVA 已经被去除。PVA 增强 Al$_2$O$_3$ 泡沫坯体的烧结流程为:以 1℃/min 的速度加热到 600℃,保温 2 h 进行排胶,并进一步以

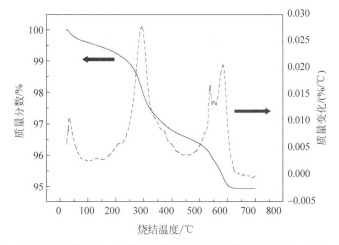

图 5.12　PVA 增强 Al$_2$O$_3$ 泡沫坯体的热失重曲线(加热速率:5℃/min)

5℃/min 升温至 1 550℃烧结。

PVA 冷冻解冻处理后得到了褶皱状的坯体孔壁,因此烧结后泡沫陶瓷的孔壁也是曲折、褶皱状的,如图 5.13 所示。PVA 冷冻解冻法制备的 Al_2O_3 泡沫陶瓷的抗压强度和形变曲线与传统 Al_2O_3 泡沫陶瓷相比有明显不同,见图 5.14。图 5.14(a)和(b)展示了第 4 章制备的泡沫陶瓷的抗压曲线,典型的抗压强度曲线都表现出不规则波动,这是由泡沫陶瓷的应力集中导致的局部位置突然破裂造成的。相比之下,PVA 冷冻解冻工艺制备的泡沫陶瓷的抗压强度与形变曲线更平稳,没有大的波动,几乎是一条直线,如图 5.14(c)和(d)所示。而且曲线上没有明显的屈服点。这种全新的力学性能特点可能与泡沫陶瓷曲折的、褶皱状的孔壁结构有关。

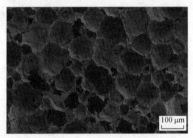

图 5.13　加入质量分数为 1.0% 的 PVA,冷冻解冻两次制备的 Al_2O_3
　　　　泡沫陶瓷的 SEM 照片

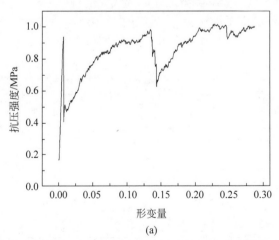

(a)

图 5.14　作为对照组的第 4 章制备的 Al_2O_3 泡沫陶瓷的抗压曲线(a)和(b)以及加
　　　　入质量分数 1.0% 的 PVA 冷冻解冻两次所制备的 Al_2O_3 泡沫陶瓷(c)和
　　　　(d)的抗压强度与抗压形变曲线

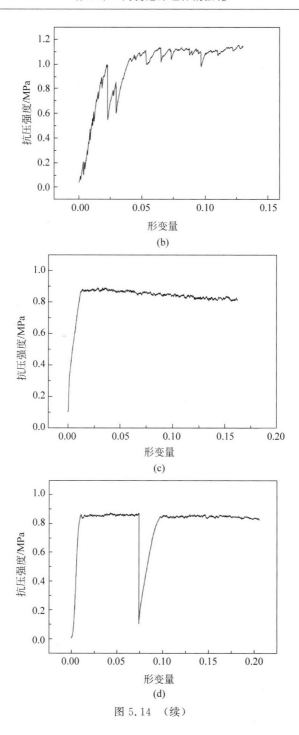

(b)

(c)

(d)

图 5.14 （续）

5.5　本章小结

本章研究了通过铝酸钙水化反应、琼脂凝胶和 PVA 冷冻解冻工艺三种措施来提高超轻泡沫坯体的强度的方法。研究结果表明,铝酸钙水泥的加入不影响泡沫稳定性,而琼脂和 PVA 的添加对泡沫浆料的稳定性有显著影响。当琼脂浓度小于 0.75%(质量分数),PVA 浓度低于 1.5%(质量分数)时,泡沫浆料可以实现稳定化,而过高的增强剂浓度会造成泡沫稳定性的弱化。

琼脂和 PVA 并未对 SDS 在 Al_2O_3 颗粒表面上的吸附造成不利影响,陶瓷颗粒依然具有足够高的疏水性。高浓度的琼脂和 PVA 可能和 Al_2O_3 陶瓷颗粒在泡沫的气-液界面上存在竞争吸附,这在一定程度上抑制了陶瓷颗粒在气泡界面的紧密组装,进而导致了泡沫的不稳定。

在保证泡沫浆料稳定的前提下,泡沫坯体的强度得到了明显的提高,特别是 PVA 冷冻解冻工艺形成的 PVA 微结晶体能够大幅提高坯体的力学性能,其抗压强度高达 0.16 MPa。PVA 冷冻解冻制备的泡沫陶瓷的抗压强度与形变曲线很平稳,几乎没有大的波动,而且没有明显的屈服点,这种新的力学特性可能与所制备泡沫陶瓷曲折的、褶皱状的孔壁结构有关。

第6章 溶胶纳米颗粒制备轻质高强泡沫材料

6.1 引　言

本书前面的研究以亚微米陶瓷粉体为原料制备了高气孔率泡沫陶瓷，这类泡沫陶瓷比表面积相对较低，无法满足吸附和过滤等领域的应用需求。具有巨大比表面积和超高气孔率（通常为 92.0%～99.8%）的气凝胶材料被认为是一类重要的工程材料，它因为具有优异的隔热性能而闻名[80-83]。无机气凝胶材料的制备过程一般需要非常严格的干燥条件[84-86]，例如，需要经表面张力低的溶剂置换后再常压干燥，超临界状态下干燥等。此外，陶瓷气凝胶材料的合成仍然存在一些局限性，例如，难以生产大尺寸材料，合成工艺复杂，制备周期长，原料成本较高，超临界干燥设备昂贵等。因此，开发低成本且工艺简单环保的泡沫陶瓷替代气凝胶材料是轻质材料的发展趋势。

作为一种重要的结构材料，轻质泡沫陶瓷的力学性能是决定其应用的重要指标。众所周知，气孔率水平对泡沫陶瓷材料的力学性能有决定性的影响。具有特定孔结构的泡沫陶瓷的强度随着气孔率的提升会不断降低。特别是对高气孔率的泡沫陶瓷而言，气孔率的进一步提升会造成强度的急剧下降。如何在保证泡沫陶瓷高气孔率水平的前提下，大幅提高泡沫陶瓷的力学性能仍然面临巨大挑战。本章以铝溶胶纳米颗粒为泡沫稳定剂，通过直接发泡法制备了具有多级孔结构、高比表面积、气孔均匀的新型泡沫材料。研究了其烧结过程孔结构的演变及这种新材料的保温性能和吸附能力，并揭示了这种材料强度大幅提高的机制。在此基础上，本章还对凝胶泡沫的流变性能和打印性能进行了研究，通过浆料直写成型（direct ink writing，DIW）技术制备了 3D 泡沫陶瓷材料。

6.2　类气凝胶泡沫材料的制备及性能研究

6.2.1　铝溶胶纳米颗粒的疏水改性

本书所用的铝溶胶纳米颗粒,即 AlOOH 纳米粒子,为实验室合成。其主要成分见表 6.1,纯度大于 98%。纳米颗粒的形状为层片状结构,尺寸小于 100 nm,如图 6.1 所示。

表 6.1　铝溶胶的主要成分

成分	Al_2O_3	Cl	F	SO_3	Na_2O	SiO_2	MgO	CaO
含量/%	98.11	0.51	0.33	0.32	0.17	0.14	0.13	0.096

注:含量为质量分数,余同。

铝溶胶纳米颗粒的 zeta 电位结果表明(见图 6.2),其等电点约为 9.3。由于铝溶胶纳米颗粒表面大量羟基(Al-OH)的质子化作用,铝溶胶纳米颗粒在低 pH 值下带有大量正电荷。当 pH 值为 5.0 时,zeta 电位随着 SDS 添加量的增加而降低,表明带正电的 AlOOH 纳米颗粒与解离的 SDS(即 $C_{12}H_{25}SO_4^-$)之间存在强烈的吸附作用,因此颗粒表面的 zeta 电位显著降低。

图 6.1　铝溶胶纳米颗粒的 TEM 照片

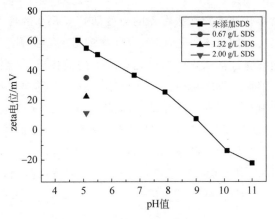

图 6.2　铝溶胶纳米颗粒的 zeta 电位

图 6.3 进一步揭示了 SDS 在铝溶胶颗粒表面上具有很强的吸附能力。未修饰的铝溶胶颗粒具有明显的亲水性,其接触角为 6.2°,SDS 吸附在铝溶胶颗粒表面改善了颗粒的疏水性,因此接触角增大,如图 6.4 所示。

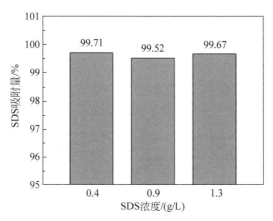

图 6.3　SDS 在铝溶胶纳米颗粒表面的吸附量

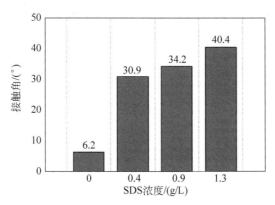

图 6.4　不同浓度 SDS 修饰后的铝溶胶纳米颗粒的接触角

6.2.2　铝溶胶纳米颗粒稳定泡沫的制备及干燥

SDS 修饰后的铝溶胶纳米颗粒可以用来制备稳定的胶体泡沫,过程如图 6.5 所示。实验结果表明,0.5 g/L 的 SDS 可以使铝溶胶纳米颗粒获得足够的疏水性从而使其能够用以制备超稳定溶胶泡沫。表面疏水改性的铝溶胶纳米颗粒吸附在气-液界面形成紧密的组装,气泡的奥斯特瓦尔德熟化作用被阻碍,达到超稳定的状态。

SDS 在铝溶胶纳米颗粒表面优异的吸附能力,使在非常宽的 pH 值范

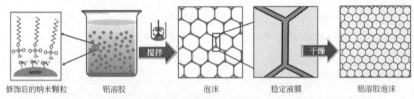

图 6.5　用 SDS 修饰铝溶胶纳米颗粒制备稳定胶体泡沫示意图

围内稳定地制备溶胶泡沫成为可能,如图 6.6 所示。泡沫在静置一个月后依然保持稳定,溶胶泡沫的排液清澈,没有观测到任何沉积的纳米颗粒,这表明所有铝溶胶纳米颗粒都吸附在气泡界面上从而形成了稳定的泡沫。

图 6.6　不同 pH 值下制备的铝溶胶泡沫静置一个月后的状态

制备条件(质量分数):3%铝溶胶,0.1%的 SDS,pH=6.8

　　脱模后的铝溶胶泡沫由于具有超稳定性,因此并不需要采取任何固化措施,且在干燥过程中表现出优异的保持形状的性能,未发生坍塌和变形,如图 6.7 所示。

图 6.7　铝溶胶泡沫脱模后的照片

制备条件(质量分数):3%铝溶胶,0.1%的 SDS,pH=6.5

　　与亚微米级陶瓷颗粒稳定泡沫的干燥行为不同,铝溶胶泡沫在常温常压下干燥后容易出现裂纹。这是因为在干燥过程中,水在铝溶胶泡沫中的迁移是不均匀的,如图 6.8 所示。快速干燥会使泡沫的外部快速失水,失水后泡沫的外部硬化,而在泡沫内部形成富含水的区域,之后富含水的内部由于水向外的迁移而趋于收缩变形。然而,内部的收缩受到外表面泡沫的限制从而容易发生开裂。另一方面,相比亚微米粉体而言,铝溶胶纳米颗粒在失水过程中会发生凝胶化,颗粒表面的羟基发生缩聚,容易产生应力,从而造成裂纹的出现。为了避免裂纹的产生,泡沫在湿为 90%、温度为 25℃的恒温恒湿箱内进行缓慢干燥。

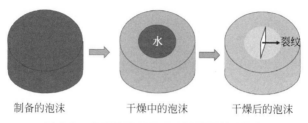

制备的泡沫　　　　干燥中的泡沫　　　　干燥后的泡沫

图 6.8　铝溶胶泡沫常温常压干燥形成裂纹

实现超高气孔率泡沫的制备的一个关键点是用极低固相含量的浆料进行发泡,因为较低的固相含量不仅意味着固相比例的降低,而且还有助于提高发泡能力。但是固相含量也不能太低,因为泡沫的稳定化需要有一定数量的颗粒来实现气-液界面的充分覆盖[53]。研究发现,通过铝溶胶颗粒直接发泡获得稳定的泡沫的固相含量(质量分数)下限值为 2.5%,该临界值远远低于用亚微米级粉体制备稳定泡沫所需的含量。这是因为纳米颗粒的粒径非常小,这可以提供更大的铺展面积,即使在极低的固相含量的情况下,也可以实现纳米颗粒在气-液界面上完整紧密的组装。显然,如此低的纳米颗粒浓度有利于降低浆料的黏度,因此有利于发泡能力的提高。使用固相含量(质量分数)为 3%～5%的铝溶胶制备了具有超高气孔率水平的泡沫材料。其气孔率为 98%～99%,密度为 0.036～0.072 g/cm³。样品宏观照片如图 6.9 所示,由于泡沫具有超高的气孔率和超低的容重,因此仅用一张纸就可以将其支撑起来。

图 6.9　超轻铝溶胶泡沫的宏观照片

制备条件(质量分数):3%铝溶胶,0.1%的 SDS,pH=6.8

6.2.3　铝溶胶泡沫的微观结构

图 6.10 展示了铝溶胶泡沫的微观形貌,孔壁是由溶胶纳米颗粒均匀组装而成的,孔壁厚度在 30～90 nm 的纳米尺寸范围内。这种铝溶胶泡沫所具有的新型纳米尺度厚度的孔壁使这种材料的气孔率得以显著的提高。

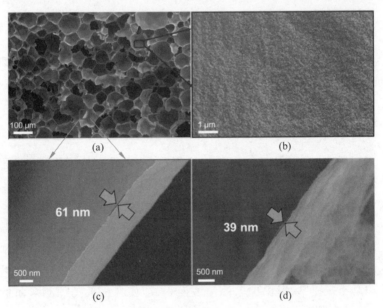

图 6.10　超轻铝溶胶泡沫的 SEM 照片

制备条件(质量分数):3%铝溶胶,0.1%的 SDS,pH=6.8

(a) 宏孔结构;(b) 纳米颗粒紧密组装的孔壁;(c)、(d) 纳米尺度厚度的孔壁

铝溶胶泡沫具有高气孔率和纳米级厚度的超薄孔壁,所以强度很低。第 5 章选用了琼脂作为增强剂,对坯体有很好的增强效果。选取添加剂的原则是不应影响铝溶胶的稳定性和起泡性。本节也研究了琼脂对铝溶胶泡沫的增强效果,结果表明,0.5%～0.8%质量分数的琼脂可在不降低铝溶胶起泡性和泡沫稳定性的情况下有效改善泡沫强度。琼脂增强的泡沫依然具有均匀的孔结构和厚度均匀的纳米尺度的孔壁,参见图 6.11。

6.2.4　铝溶胶泡沫的烧结过程

铝溶胶泡沫在热处理后质量损失约 24%,如图 6.12(a)所示,这主要是由失去结合水和表面羟基造成的。图 6.12(b)对比了未经热处理的泡沫样品和

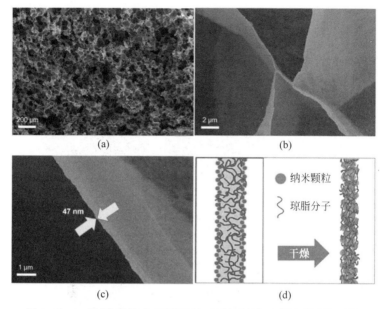

图 6.11　0.8%琼脂增强铝溶胶泡沫的微观结构和增强机理示意图

制备条件(质量分数)：4%铝溶胶，0.15%的 SDS，pH=7.1

(a)孔洞结构；(b)、(c)孔壁形貌；(d)增强示意图

900℃烧结的样品的 FTIR 吸收光谱。485 cm^{-1}、610 cm^{-1} 和 1 065 cm^{-1} 附近的峰显示了典型的勃姆石的峰[87,88]，3360 cm^{-1} 附近的吸收峰是水中羟基的反对称伸缩振动峰，而 2090 cm^{-1} 附近的峰是羟基的伸缩振动峰。对比结果说明，铝溶胶泡沫在热处理后水和羟基消失。从图 6.12(c)可以看出，勃姆石在 400℃烧结后转变为 γ-Al$_2$O$_3$，然后在 1000℃烧结后转变为 θ-Al$_2$O$_3$，经 1200℃烧结后大部分已经转变为 α-Al$_2$O$_3$，最后在 1300℃以上烧结后完全转化为 α-Al$_2$O$_3$。

由图 6.12(d)～(i)的 SEM 照片可看出，在高温热处理后，泡沫的孔壁厚度依然处于纳米尺度范围内，由非常小的 Al$_2$O$_3$ 颗粒组成。在 1000℃以下烧结时，晶粒尺寸小于 30 nm(见表 6.2)。经 1300℃烧结后的 α-Al$_2$O$_3$ 泡沫的晶粒尺寸有一定程度的增加，但仍然是纳米尺度，且低于 50 nm。值得注意的是，当烧结温度从 1200℃升高到 1300℃后，孔壁结构发生改变，泡沫形成了像筛网一样的结构，孔壁上均匀分布着大量的亚微米尺度的二级孔。这些孔壁上开孔的形成可能是由于纳米晶粒的生长造成的，随着烧结温度的增加和晶粒生长，局部区域致密化，而部分区域则由

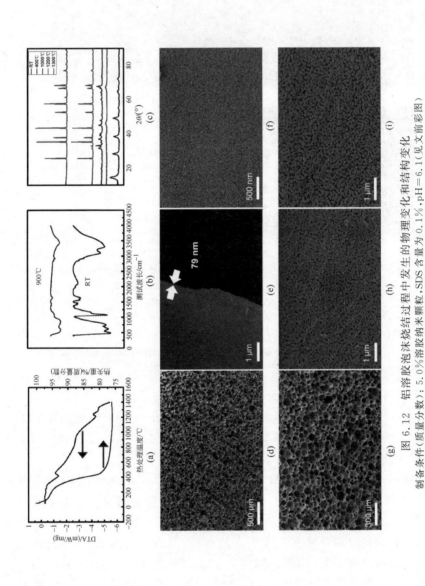

图 6.12　铝溶胶泡沫烧结过程中发生的物理变化和结构变化

制备条件(质量分数)：5.0%溶结铝纳米颗粒，SDS 含量为 0.1%，pH＝6.1(见文前彩图)

(a) 质量变化和差热分析；(b) 未烧结铝溶胶泡沫和 900℃烧结的 Al₂O₃ 泡沫的红外吸收光谱；(c) 铝溶胶在 400℃，1000℃，1200℃和 1300℃ 烧结后的 XRD 图谱；(d)～(f) 1200℃烧结后的 Al₂O₃ 泡沫的 SEM 照片；(g)～(i) 1300℃烧结后的 Al₂O₃ 泡沫的 SEM 照片于无法提供足够的物质来源便形成了开孔。这种具有二级开孔的新型泡沫有望应用在催化载体、细颗粒物质和大分子的分离等领域。

表 6.2 在不同温度下烧结的泡沫样品的比表面积和晶粒尺寸

温度/℃	RT	400	600	800	900	1000	1200	1300
晶粒尺寸/nm	—	—	9.4	10.3	11.4	25.7	42.9	47.7
比表面积/(m²/g)	251.1	280.3	238.7	191.4	—	179.6	41.2	13.6

与传统 Al_2O_3 泡沫陶瓷相比,铝溶胶泡沫具有更高的比表面积。表 6.2 所示的比表面积随烧结温度的关系表明,400℃烧结的泡沫样品的比表面积为 280.3 m²/g,略高于未经热处理的样品的比表面积,这可能是由于热处理后羟基的脱除有助于产生新的表面。1000℃烧结后的比表面积没有显著降低,但仍然具有相对较高的比表面积,约为 180 m²/g。图 6.13 所示的氮气吸附脱附曲线表明,当热处理温度低于 1000℃烧结时,泡沫中存在大量介孔。图 6.14 表明,未烧结的铝溶胶泡沫的介孔尺寸为 2～18 nm,而 900℃烧结的 Al_2O_3 泡沫的介孔尺寸为 5～30 nm,其中纵坐标为微分孔隙体积(dV/dlogD)。

Al_2O_3 气凝胶的比表面积通常在 300～600 m²/g[85,86,89]。本书所制备的铝溶胶泡沫的比表面积与 Al_2O_3 气凝胶材料的比表面积在同一个量级上。考虑其较低的制造成本,本书所制备的泡沫材料有望作为一种备选材料在需要超轻质和高比表面积的领域中替代气凝胶材料。

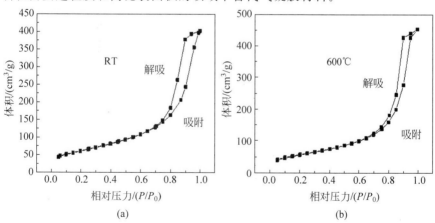

图 6.13 不同温度热处理后泡沫的氮气吸附脱附曲线

制备条件(质量分数):5%铝溶胶,SDS 含量为 0.1%,pH=6.1

(a) 未烧结;(b) 600℃;(c) 800℃;(d) 900℃;(e) 1000℃;(f) 1300℃

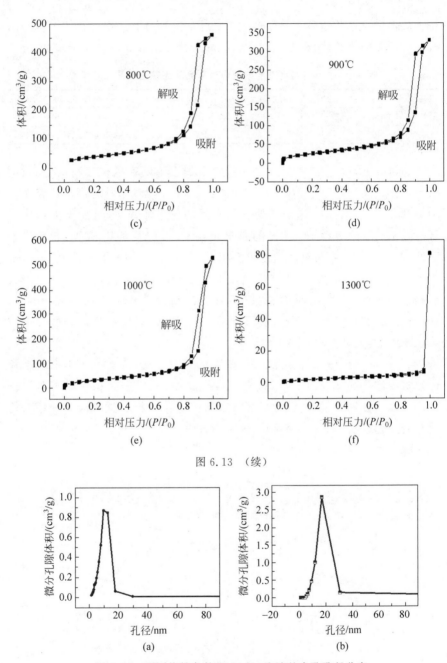

图 6.13 （续）

图 6.14　不同烧结条件下 Al_2O_3 泡沫的介孔孔径分布

制备条件(质量分数)：5%铝溶胶,SDS 含量 0.1%,pH=6.1

(a) 未烧结；(b) 900℃烧结

6.2.5　铝溶胶泡沫的性能及应用

铝溶胶泡沫由于具有高气孔率和高比表面积,从而具有优良的吸附VOCs 的能力,如图 6.15 及图 6.16 所示。甲醛和丙酮是最具代表性的挥发性有机化合物,广泛用于化学、制药、涂料、有机玻璃和塑料等领域[90,91]。铝溶胶泡沫对两者都表现出优异的吸附能力。具体而言,丙酮的最大吸附量为 388.2 cm³/g(相对分压为 1),甲醛的最大吸附量为 197.4 cm³/g(相对分压为 1)。

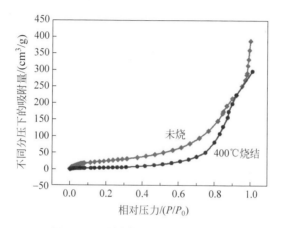

图 6.15　不同分压下的丙酮吸附量

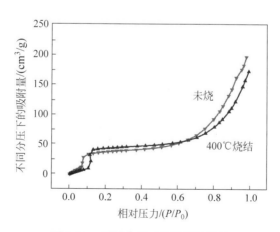

图 6.16　不同分压下的甲醛吸附量

值得注意的是,未经热处理的铝溶胶泡沫的比表面积比 400℃热处理后的泡沫略低,但对丙酮和甲醛的吸附能力却更高。这可能是在没有热处理的情况下,铝溶胶泡沫中存在的大量羟基赋予了泡沫对极性 VOC 分子更强的亲和力。文献中报道的常用吸附剂的最大丙酮吸附量一般为 80～300 cm^3/g,如表 6.3 所示[92-95]。本书报道的最高吸附数值明显高于其他常用的吸附材料。虽然铝溶胶泡沫不具有与活性炭和碳纤维一样高的比表面积,但它展示出了更好的吸附能力,这可能是因为极性分子和泡沫极性表面之间有更好的亲和力[96,97]。所以铝溶胶纳米颗粒表面存在的大量极性亲水位点与高极性的丙酮和甲醛之间具有较强的吸附作用。

表 6.3　几种吸附剂对丙酮的最大吸附量

文献报道的吸附剂	最大吸附量/(cm^3/g)(括号内为吸附温度)
Metal organic skeleton material[92]	302.4(25℃)
BASF activated carbon[93]	138.9(25℃)
Zeolite[94]	154.6(20℃)
Template carbon nanofibers[95]	80.6(30℃)
本研究	388.2(25℃)

铝溶胶泡沫所具有的超高气孔率和超薄孔壁也使它成为性能优异的保温材料。将其与本书第 3 章制备的 Al_2O_3 泡沫陶瓷的隔热性能进行比较,如图 6.17 所示。一块厚度为 10 mm 的由铝溶胶制备的泡沫可以有效地保护叶片在被酒精灯的外焰加热 5 min 后仍不被碳化,而亚微米粉制备的泡沫陶瓷上的叶片则在加热 3 min 后完全碳化,如图 6.17(b)所示。用纸片作为实验材料得到了同样的结果,如图 6.17(c)所示。上述实验结果论证了超轻铝溶胶泡沫是一种很有前途的高温隔热材料。

根据热传递模型,气孔率是关乎泡沫材料隔热性能的决定性参数[89,98]。超薄的孔壁导致传热通道非常狭窄,这也在很大程度上降低了传热性能。此外,封闭的宏孔结构能够抑制空气对流作用。而小尺寸的纳米晶粒和介孔孔隙的存在会在热传递的过程中产生大量的边界,增加了额外的热传递阻力[99,100]。所有这些特点聚集在一起使其具有非常优异的保温性能。

为了论证这种溶胶纳米颗粒制备超轻泡沫方法的普适性,本研究还尝试了以十六烷基三甲基溴化铵(cetyl trimethyl ammonium bromide,CTAB)

(a)

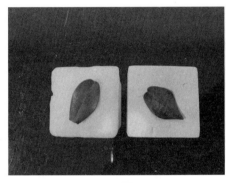

(b)

(c)

图 6.17　气孔率为 99.08% 的铝溶胶泡沫和第 3 章制备的 Al_2O_3 泡沫陶瓷(气孔率
　　　　为 95.1%)的隔热性能的比较(图(b)和(c)中左侧隔热材料为本章制备的
　　　　铝溶胶泡沫,右侧为对照样品)
　　　　(a) 酒精灯外焰加热测试隔热效果图示; (b) 加热后树叶碳化效果对比;
　　　　(c) 加热后纸片的碳化效果

作为发泡剂,使用平均粒径为 16.48 nm 的碱性硅溶胶(其主要成分见表 6.4)
作为原材料制备 SiO_2 泡沫,研究结果如图 6.18 所示。超轻 SiO_2 泡沫具有
巨大的表面积,为 313.4 m^2/g,介孔尺寸分布范围是 5~16 nm。

表 6.4　硅溶胶纳米颗粒的主要成分

成分	SiO_2	Na_2O	Al_2O_3	S	NiO	MgO	Cl	Fe_2O_3
含量/%	97.86	1.16	0.50	0.23	0.079	0.035	0.026	0.022

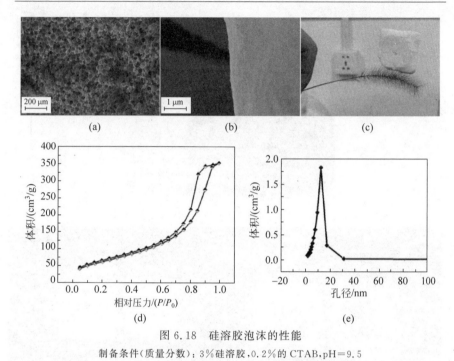

图 6.18 硅溶胶泡沫的性能

制备条件（质量分数）：3％硅溶胶，0.2％的 CTAB，pH＝9.5

（a）孔洞形貌；（b）孔壁结构；（c）样品宏观照片；（d）氮气吸附脱附曲线；（e）介孔尺寸分布

6.3 多级孔高强度铝溶胶泡沫陶瓷

6.2 节以固相含量非常低的铝溶胶制备了超轻的类气凝胶泡沫材料。这种超轻材料具有纳米尺度孔壁和超高的气孔率。实际上利用铝溶胶不仅可以制备超高气孔率的泡沫，也可以制备气孔率相对较低（70％～90％）的泡沫陶瓷。本节将研究以固相含量相对较高的铝溶胶制备高强度多级孔泡沫陶瓷并探究其力学性能。

与亚微米粉体作为原料制备颗粒稳定泡沫不同的是，铝溶胶泡沫可以通过增加离子强度或者调节 pH 值趋近等电点实现纳米颗粒的凝胶化。当铝溶胶中离子强度非常低，且 pH 为强酸性时，纳米颗粒表面有很强的正电荷，颗粒间互相排斥，因此铝溶胶分散性非常好，这就是为什么铝溶胶外观是透明的。为了实现泡沫的凝胶，实验过程中在机械搅拌发泡的同时增加溶胶中的离子强度或调节 pH 值趋近等电点使溶胶纳米颗粒双电层被压缩[70]。当机械搅拌停止后，压缩了双电层的铝溶胶颗粒之间发生团聚，同时纳米颗粒之间也会发生一定程度的羟基缩聚反应，因此泡沫存储模量和屈服应力会急剧增加(流变性见 6.4 节),泡沫逐渐变"硬",称之为凝胶泡沫。通过调节 pH 值制备的凝胶泡沫烧结后所获得的 Al_2O_3 泡沫陶瓷具有非常均匀的球形孔形貌,如图 6.19 所示。

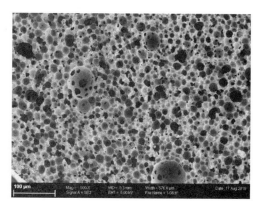

图 6.19 铝溶胶凝胶泡沫陶瓷的 SEM 照片

制备条件(质量分数):30%铝溶胶,0.2%的 SDS,加入 0.25 mL 浓度为 5 mol/L 的 KOH 溶液,1300℃烧结

第 4 章用亚微米粉体制备的 Al_2O_3 泡沫陶瓷孔径分布范围是 $50\sim150\ \mu m$,而溶胶泡沫制备的泡沫陶瓷气孔更小,大部分孔为 $5\sim20\ \mu m$。这是因为压缩了双电层的铝溶胶黏度很大,有利于在同样的搅拌速度下得到更小的气泡。烧结后的 Al_2O_3 泡沫陶瓷具有多级孔结构,如图 6.20 所示。孔壁上有很多细小的二级开孔,因此除了宏孔外,孔壁上的二级孔也提供了额外的

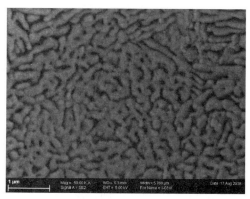

图 6.20 铝溶胶凝胶泡沫陶瓷的孔壁形貌

制备条件(质量分数):30%铝溶胶,0.2%的 SDS,加入 0.25 mL 浓度为 5 mol/L 的 KOH 溶液,1300℃烧结

气孔率来源。自然界的一些材料,如木材、竹子和骨骼等都具有多级孔结构。这些具有多级孔结构的材料通过在不同尺度建立孔结构,可以分散载荷,有效提高机械强度,用更少的骨架材料达到更大承受载荷的效力[47]。此外,相比亚微米级粉体制备的 Al_2O_3 泡沫陶瓷所具有的微米级晶粒而言,铝溶胶制备的泡沫陶瓷晶粒尺寸更小(见表 6.2),这也是强度得以改善的另一个重要机制。

　　研究结果表明,这种新型 Al_2O_3 泡沫陶瓷所具备的均匀球形孔结构、孔壁上二级孔以及纳米尺寸晶粒使其力学性能显著提高。通过调节固相含量,实验制备了气孔率为 80.7%、抗压强度为 66.7 MPa 的泡沫陶瓷,相比第 4 章用亚微米粉体制备的 Al_2O_3 泡沫陶瓷而言,此种泡沫陶瓷的强度提高了 3 倍以上。通过大量文献调研发现,这种用铝溶胶制备 Al_2O_3 泡沫陶瓷的强度是国际报道最高的,其力学性能遥遥领先。

6.4　3D 打印铝溶胶凝胶泡沫制备复杂形状泡沫陶瓷

6.4.1　铝溶胶凝胶泡沫的流变特性

　　目前,泡沫陶瓷的制备技术仅限于制备形状相对简单的块体样品,还无法实现具有复杂形状和精细宏观结构泡沫陶瓷的制备。近些年快速发展起来的 3D 打印技术使 3D 打印轻质材料成为可能。虽然 3D 打印致密骨架陶瓷材料已经取得重大进展,但是对于 3D 打印泡沫骨架轻质陶瓷材料的研究还相对匮乏。

　　其中浆料直写成型技术(DIW)在众多打印技术中具有设备成本低、能耗低及打印材料应力小等优点。可以认为将这种技术和胶体泡沫相结合将是未来轻质泡沫材料制备的新方向,是实现复杂形状泡沫陶瓷制备的关键。对于浆料直写成型技术而言,打印材料的流变性是打印成功与否的关键。

　　一般来说,除了稳定性外,打印浆料不仅应具有剪切变稀的特性,还要有较高的屈服应力和存储模量。这样的流变特性使得材料在挤出时可以顺畅流动,挤出后可以保持形状。首先对铝溶胶泡沫和通过增加溶液 pH 值制备的凝胶泡沫的流变性进行了研究,结果如图 6.21 和图 6.22 所示。

　　本研究将存储模量和损失模量曲线的交点定义为屈服应力。通过调节 pH 值趋向等电点促凝后得到了凝胶泡沫,显然凝胶后的泡沫具有更高的屈服应力和存储模量。通过图 6.21 和图 6.22 的对比,还可以看到固相含量的提高有助于提高屈服应力和存储模量。

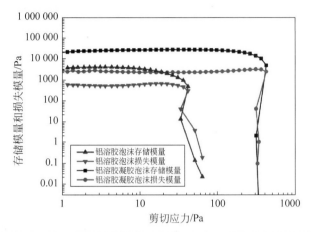

图 6.21　质量分数为 20％铝溶胶制备的泡沫和增加 pH 值制备的凝胶泡沫模量与剪切应力变化关系

制备条件(质量分数)：SDS 浓度为 0.2％,加入 0.25 mL 浓度为 5 mol/L KOH 溶液

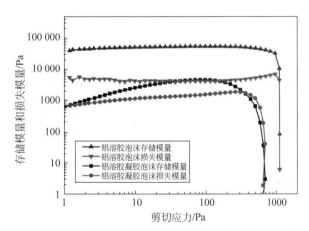

图 6.22　质量分数为 30％铝溶胶制备的泡沫和增加 pH 值制备的凝胶泡沫模量与剪切应力变化关系

制备条件(质量分数)：SDS 含量为 0.2％,凝胶泡沫加入了 0.25 mL 浓度为 5 mol/L 的 KOH 溶液

6.4.2　铝溶胶凝胶泡沫的直写成型

大量实验研究发现，未凝胶的泡沫是不可以打印的，而固相含量低于10％时，即使凝胶后也是不可打印的，这是因为过低的固相含量无法给予泡沫足够高的模量和屈服应力。固相含量为15％～35％的铝溶胶发泡后通过调整 pH 值或者增加离子强度促凝后的凝胶泡沫表现出了很好的可打印性。可以通过浆料直写成型技术打印出各种复杂形状的凝胶泡沫，如图 6.23 所示。经 1250～1300℃烧结可获得 3D 打印轻质陶瓷，如图 6.24 所示。

(a)　　　　　　　　　　　　　　(b)

图 6.23　浆料直写成型技术打印的示意图(a)及制备的复杂形状凝胶泡沫(b)

制备条件(质量分数)：30％铝溶胶，SDS 含量为 0.2％，加入 0.25 mL 浓度为 5 mol/L 的 KOH 溶液

图 6.24　浆料直写成型技术打印制备的泡沫陶瓷的宏观照片

制备条件(质量分数)：30％铝溶胶，SDS 含量为 0.2％，加入 0.25 mL 浓度为 5 mol/L 的 KOH 溶液，经 1300℃烧结

通过浆料直写成型技术制备了具有支架结构的轻质泡沫陶瓷，如图 6.25 所示。这种材料由具有孔洞的细柱垂直堆叠而成，所打印的细柱是平直的。由图 6.26 可以明显看出打印泡沫陶瓷的抗压强度的对数与相对密度的对数呈良好的线性关系。值得注意的是，1 250℃烧结制备的泡沫陶瓷比 1 300℃烧结制备的泡沫陶瓷抗压强度更高，这可能是由更小的晶粒导致的。

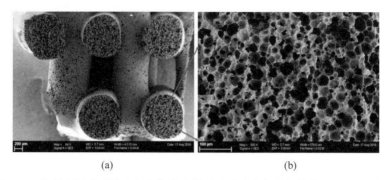

(a) 　　　　　　　　　　　　　　(b)

图 6.25　浆料直写成型技术打印铝溶胶凝胶泡沫陶瓷的支架结构(a)和孔形貌(b)
　　　制备条件(质量分数)：15％铝溶胶,0.2％的 SDS,加入 0.35 mL 浓度为 5 mol/L
　　　的 KOH 溶液,1300℃烧结

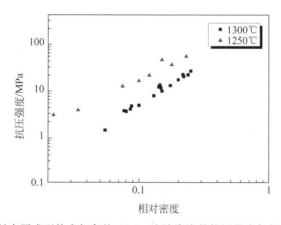

图 6.26　浆料直写成型技术打印的 Al_2O_3 泡沫陶瓷的抗压强度与相对密度的关系

6.5　本 章 小 结

　　本章以铝溶胶纳米颗粒为泡沫稳定剂,以长链表面活性剂 SDS 为颗粒表面疏水修饰剂,通过直接发泡法制备了具有多级孔结构的泡沫陶瓷。采用较低固相含量(3％～5％,质量分数)的铝溶胶可以制备气孔率为 98％～99％、比表面积为 180～280 m^2/g 的泡沫材料。就气孔率和比表面积水平而言,这种新型泡沫材料可与氧化铝气凝胶相媲美。这种类气凝胶泡沫材料孔壁由溶胶纳米颗粒均匀组装而成,其孔壁厚度在 30～90 nm 的纳米尺度范围内。当烧结温度从 1200℃升高到 1300℃后,泡沫孔壁像筛网一样,形成了均匀分布的亚微米尺度的开孔。铝溶胶泡沫陶瓷因为较高的比表面积对极性 VOC 气体具有优良的吸附能力。其超高的气孔率、超薄的纳米尺度孔壁、封闭的宏孔结构、纳米晶粒以及孔壁上的大量介孔使其成为一种非常优良的保温材料。

相同气孔率水平下,本研究通过铝溶胶泡沫制备的 Al_2O_3 泡沫陶瓷强度远远高于亚微米陶瓷粉体制备的 Al_2O_3 泡沫陶瓷的强度。气孔率为 80.7% 的铝溶胶制备的 Al_2O_3 泡沫陶瓷抗压强度可高达 66.7 MPa,这个力学性能在国际上遥遥领先。如此优异的力学性能主要来源于泡沫均匀的球形孔结构、较小的孔尺寸、孔壁上存在的二级孔以及晶粒尺寸的细化。本研究通过增加离子强度或者调控 pH 值趋近等电点可以实现铝溶胶泡沫的凝胶化,凝胶泡沫因为屈服应力和存储模量的提高而具有良好的打印性,通过浆料直写成型(DIW)技术,首次制备了 3D 打印凝胶泡沫材料,使复杂形状多级孔泡沫陶瓷的制备成为现实。

第7章 具有光固化特性的陶瓷颗粒稳定泡沫/乳液

7.1 引 言

目前,传统泡沫陶瓷的制备技术仅限于制备形状相对简单的块体样品,还无法实现复杂形状和精细结构泡沫陶瓷的制备。第 6 章提出了利用浆料直写成型技术 3D 打印凝胶泡沫制备多级孔泡沫陶瓷材料的方法,但是这种 3D 打印技术具有一定局限性,还无法实现更为复杂结构的设计和制备。立体光固化成型技术(stereolithography apparatus,SLA)作为一种常用且快速发展的 3D 印刷技术,已经成为制造具有不寻常形状和异质几何结构陶瓷部件的常见技术,具有高精度和快速成型的特点,能够赋予陶瓷材料最好的形状可设计性。其原理是逐层加载含有光敏树脂的陶瓷浆料,通过紫外光(UV)引发的聚合反应实现精确固化[101]。如果能将 SLA 技术和颗粒稳定泡沫相结合,将有望使 3D 打印轻质泡沫陶瓷成为现实。目前 SLA 技术的研究大多集中在基于高固相含量陶瓷浆料制备致密骨架结构陶瓷组件的领域,基于该技术成型复杂形状泡沫陶瓷的研究鲜有报道。

另一方面,微米级陶瓷空心球(也称为陶瓷胶囊)在过去的几十年中因其广泛的应用而受到大量关注。这种粉体材料可应用在负载、催化和缓释等领域[102,103]。目前陶瓷空心球的制备主要包括模板法(硬模板法和软模板法)和无模板法(奥斯特瓦尔德熟化法)等[104]。在过去几年中,微流控技术及微流控装置的发展迅速,通过精密设计的喷嘴挤出双乳液(W-O-W 液滴)来合成陶瓷空心球和聚合物空心球吸引了越来越多的关注[102,105]。然而,上述方法有各自的局限性,如产量低、生产周期长、需要特殊设备、制备工艺复杂等[30]。因此,开发低成本、周期短且易于大批量生产的陶瓷空心球的新工艺成为研究热点。

基于上述背景,本章提出了制备具有光敏特性的陶瓷颗粒稳定泡沫/乳液的概念,探讨使陶瓷颗粒稳定泡沫/乳液具有在紫外光的刺激下实现快速光固化特点的方法。这种新型的传统泡沫或乳液所具备的光固化特点赋予了它们更多潜在的应用。与传统的陶瓷颗粒稳定的泡沫/乳液不同,本章通过使用水溶性光敏溶液和光敏低聚物赋予泡沫/乳液感光固化的特性。这种新材料有可能借助 SLA 技术用于制造复杂形状的泡沫陶瓷材料。本章将研究光敏颗粒稳定泡沫/乳液的配方和相结构调控方法,制备多种类型的乳液/泡沫。在此基础上,本章还将介绍一种通过颗粒组装乳滴光固化制备空心球的新方法。

7.2　光敏颗粒稳定泡沫制备

为了赋予泡沫感光固化的特点,使用了含有单体丙烯酰胺(acrylic amide,AM)和交联剂 N,N'-亚甲基双丙烯酰胺(methylene bisacrylamide,MBAM)的水基溶液制备光敏泡沫,其中水溶液中含质量分数分别为 13% 的 AM 和 1% 的 MBAM,水溶液中还加入质量分数 0.8% 的 2-羟基-2-甲基-1-苯基-1-丙酮(1173D)作为光引发剂。制备过程如图 7.1 所示,通过对含有 AM、MBAM 和 1173D 的水基陶瓷浆料进行发泡,首次制备了具有光固化特性的颗粒稳定泡沫。本节将分别展示使用亚微米 Al_2O_3 粉末和铝溶胶纳米颗粒制备超稳定泡沫的实验结果。两种泡沫均表现出优异的稳定性而没有发生气泡歧化等不稳定变化,因此可以得出,丙烯酰胺的存在对戊酸在颗粒表面上的吸附没有影响,这是实现泡沫稳定化的关键。

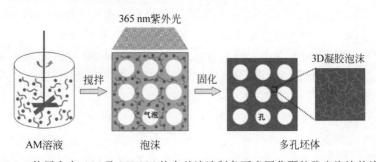

图 7.1　使用含有 AM 及 MBAM 的水基溶液制备可光固化颗粒稳定泡沫的流程

在 365 nm 紫外光的催化作用下,单体 AM 与交联剂 MBAM 发生交联反应从而实现水相的固化以及整个泡沫的固化。固化的泡沫具有均匀的气孔结构及厚度均匀的孔壁,如图 7.2 和图 7.3 所示。铝溶胶泡沫相比亚微米粉体制备的 Al_2O_3 泡沫具有更好的光固化能力,这是因为尺寸较小的颗

图 7.2　Al_2O_3 粉体制备的泡沫坯体的 SEM 照片

制备条件(质量分数)：固相含量 25%，戊酸含量为 0.4%

(a)　　　　　　　　　　　　　　(b)

图 7.3　铝溶胶纳米颗粒制备超稳定泡沫坯体的均匀孔结构(a)和光滑无团聚的球形孔(b)

制备条件(质量分数)：铝溶胶固相含量 30%，戊酸含量为 0.6%

粒更有利于光的穿透。厚度为 1.0 mm 的 Al_2O_3 颗粒稳定泡沫可在 365 nm 紫外光照射下在 20 s 内完全固化。而厚度为 2.0 mm 的铝溶胶纳米颗粒稳定泡沫可以在 15 s 内完全固化。

泡沫光固化后得到的聚丙酰胺水凝胶泡沫具有很好的弹性和柔韧性。此外，值得一提的是，由于颗粒和聚丙烯酰胺聚合物网络的协同增强作用，泡沫干燥后得到的坯体与传统泡沫相比具有优异的机械强度。

7.3　光敏颗粒稳定乳液制备及相结构调控

7.3.1　光敏树脂制备光固化陶瓷颗粒稳定乳液

本章除制备具有光固化特性的稳定泡沫浆料外，还进一步研究了具有光固化特性的颗粒稳定乳液的制备方法。与传统乳液使用的烷烃和橄榄油不同，本研究利用可光固化的低聚物(也称光敏树脂)作为油相，使用了聚氨酯丙烯酸酯(polyurethane acrylate,PUA)、乙氧化季戊四醇四丙烯酸酯(pentaerythritol tetraacrylate,PPTTA)和1,6-己二醇双丙烯酸酯(1,6-hexanediol diacrylate,HDDA)作为光敏树脂,加入1.5%(相对光敏树脂质量)Irgacure 819作为引发剂。首先,通过球磨Al_2O_3陶瓷浆料制备固相含量为50%的水基Al_2O_3浆料,然后加入戊酸并调节pH值至4.8。该pH值等于戊酸的酸度系数(pK_a)值,这可赋予戊酸最佳的修饰功能。然后将水基浆料和油相(引发剂和光敏树脂的混合物)混合,通过机械搅拌制备乳液。

Al_2O_3在酸性pH范围具有较高正电荷,因此可以选用戊酸为短链两亲分子,通过静电吸引的作用使其吸附在陶瓷颗粒表面进行疏水化修饰[28,61]。修饰的陶瓷颗粒在水-油界面上的吸附是乳液稳定的先决条件。尽管已经有大量实验证明了通过使用辛烷等有机溶剂作为油相可以制备稳定的乳液,但是尚未有研究证明可以用光敏树脂作为油相制备稳定的陶瓷颗粒组装乳液。本研究的实验结果表明,上述三种光敏树脂作为油相时均可以制备稳定的乳液。在下文中除非特殊说明,所有光敏树脂均采用PUA和PPTTA的混合物,两者质量比为1:2。图7.4展示了制备的乳液放置两天后的状态,未发现油水分离的迹象,说明用光敏树脂制备颗粒稳定乳液是可行的。与传统乳液不同,含有光敏树脂作为油相的乳液在紫外光的照射下,由于自由基团丙烯酸酯的反应可以实现快速固化,如图7.5所示。

图7.4　光敏乳液放置两天后的状态

制备条件(质量分数):水油两相的体积比为3:7,戊酸含量为0.33%

实验结果表明,当戊酸加入量小于0.10%(质量分数)时,由于颗粒的疏水性弱,不能形成稳定的乳液。高于0.30%(质量分数)添加量的戊酸可赋予颗粒足够的疏水性。图7.6展示了固化后乳液的微观结构,所有Al_2O_3

颗粒都嵌入在光聚合物-空气界面处,表明乳液中的 Al_2O_3 颗粒在油-水界面处进行了良好的组装,这是乳液能够实现稳定化的原因。

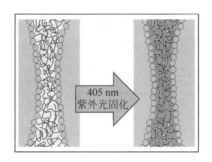

图 7.5　光敏乳液在紫外光照射下的聚合反应

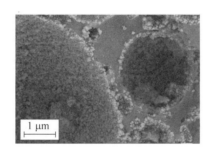

图 7.6　颗粒稳定光敏乳液固化得到的聚合物的微观形貌
水油两相的体积比为 4∶3,戊酸含量为 0.50%(质量分数)

7.3.2　光敏陶瓷颗粒稳定乳液相结构调控

大量探索实验发现乳液的相结构主要受水相与油相的比例以及陶瓷颗粒的疏水程度两个因素的影响,而疏水性可由戊酸浓度调控。随着颗粒接触角的增加,即随着戊酸添加量的增加,乳液结构从油包水(W-O)转变为水包油(O-W)结构,见表 7.1。在固定的戊酸浓度下,还观察到随着水相比例的增加,乳液从 W-O 转变为 O-W。由此可以得出结论,戊酸浓度的增加和乳液中水相比例的增加有利于形成油包水的结构。相反,降低戊酸浓度和水相比例有利于形成水包油的结构,如图 7.7 所示,这与 Hunter 等[106]和 Bink 等[107,108]的研究结果一致。

表7.1   不同条件下制备的乳液的相结构

样　品	水相比例(体积分数)/%	戊酸浓度(质量分数)/%	乳液相结构
A	30	0.33	水包油
B	27	0.46	水包油
C	30	0.66	油包水
D	27	0.92	油包水
E	48	0.46	油包水
F	55	0.46	油包水

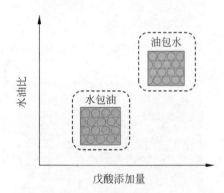

图7.7   乳液相结构与戊酸添加量和水油比例的关系

乳液中的油相(光敏树脂)在紫外光的作用下,发生聚合反应并导致油相固化。对于油包水乳液,通过紫外光照射处理形成了三维连续的光聚合物,如图7.8(a)和(b)所示。对于水包油乳液,固化的样品在连续相水蒸发后得到的样品由球形的光聚合物小球组装而成,如图7.8(c)和(d)所示。研究发现,不是任意水油比例的乳液都能在紫外光照射后固化,只有光敏树脂体积分数高于45%时才表现出优异的光固化能力。随着光敏树脂含量的增加,光固化速度增加,当光敏树脂体积分数高于50%时,厚度为1 mm的乳液在405 nm波长的紫外光照射下可以在5 s内固化,形成坚硬的陶瓷/聚合物复合材料。

7.3.3   丙烯酰胺水溶液体系制备光固化陶瓷颗粒稳定乳液

除采用光敏树脂作为油相制备可光固化的光敏颗粒稳定乳液外,还研究了使用可光固化的水基溶液赋予乳液光固化特性,如图7.9所示。研究依然使用含有单体AM和交联剂MBAM的水基溶液作为水相,水溶液中

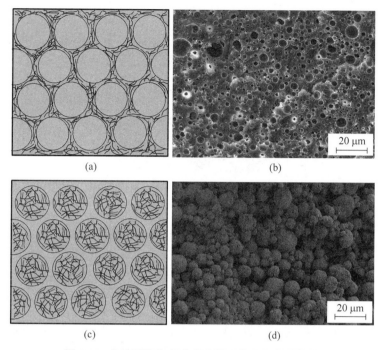

图 7.8 光敏颗粒稳定乳液及其固化后的微观结构

(a) 油包水乳液示意图；(b) 油包水乳液固化后的典型微观结构；
(c) 水包油乳液示意图；(d) 水包油乳液固化后的典型微观结构

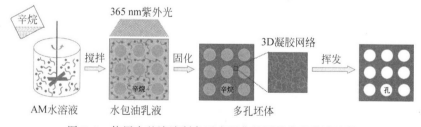

图 7.9 使用水基溶液制备可光固化的颗粒稳定乳液过程

(质量分数)含 13％的 AM、1％的 MBAM 和 0.8％的 1173D 光引发剂。本研究使用无光固化特性的辛烷作为油相,用铝溶胶纳米粒子制备稳定的光敏乳液。

所制备的水包油乳液,在单体 AM 与交联剂 MBAM 发生交联后形成连续的聚丙烯酰胺水凝胶,其中包裹着均匀离散的辛烷乳滴,这种凝胶乳液具有优异的柔韧性,这得益于交联的聚丙烯酰胺水凝胶的良好弹性。这种材料良好的柔性使其具备一定的弯曲性能,如图 7.10 所示,因此有潜力用于制备具有弧形等复杂形状的材料。

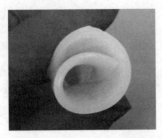

图 7.10　AM 水基光敏溶液制备的超稳定乳液固化后样品的宏观照片

制备条件(质量分数):30%铝溶胶,水油两相的体积比为 1∶2,戊酸含量为 0.4%

　　实验结果表明,厚度为 2 mm 的乳液可以在小于 5 s 的时间内快速固化。固化后的乳液在干燥后形成具有均匀孔结构的泡沫陶瓷,如图 7.11 所示。高倍 SEM 照片表明孔壁表面平滑,由纳米颗粒组装形成,这是铝溶胶纳米颗粒在辛烷-水界面处的均匀有序组装的结果。

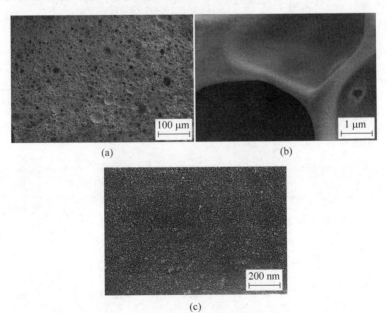

图 7.11　AM 水基溶液制备的超稳定乳液固化后样品的 SEM 照片

制备条件(质量分数):30%铝溶胶,水油两相的体积比为 1∶2,戊酸含量为 0.4%

(a)宏孔结构;(b)孔壁形貌;(c)孔壁表面紧密组装的铝溶胶纳米颗粒

上述结果表明,可以使用光敏树脂或含有水溶性光敏分子的水基溶液(如 AM 和 MBAM 水溶液)赋予颗粒稳定乳液和泡沫浆料光固化特性。这种可光固化泡沫/乳液因为其超稳定性和光固化特性可以和光固化 3D 打印技术(SLA)结合,用于制备具有复杂形状的新型泡沫陶瓷材料。利用这种方法,可以通过调节固相含量、浆料黏度、搅拌工艺参数、粉体粒度、两亲分子或表面活性剂添加量、pH 值以及离子强度等来调控泡沫/乳液的气泡/乳滴的尺寸,进而调控泡沫陶瓷的孔径[61,62,99,100,109]。

7.4　光敏乳滴制备陶瓷空心球

7.2 节和 7.3 节制备了具有光固化特性的颗粒稳定乳液和泡沫浆料。在制备颗粒稳定乳液的基础上,还将进一步探讨空心球合成方法,这是本章的另一个重点研究部分。因为所制备的乳液具有稳定性,因此可以通过去离子水对乳液进行稀释,然后温和地搅拌使乳液分离成颗粒组装的小乳滴。乳液的光敏特性可以使其在紫外光催化下快速固化,从而获得微米级陶瓷空心球。

本研究使用去离子水作为稀释剂,因为水是一种成本最低的溶剂。为了不改变浆料的 pH 值,去离子水的 pH 值调节为 4.8。对于以光敏树脂为油相的水包油乳液,通过稀释分离可以获得单分散的颗粒稳定光敏树脂的乳滴。然后将分离的乳滴用 405 nm 波长的紫外光照射 3 min 以引发光敏低聚物的聚合反应,如图 7.12 所示。

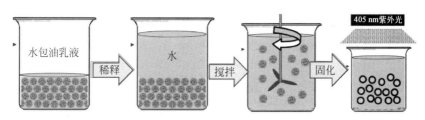

图 7.12　以光敏树脂为油相的水包油乳液制备单分散陶瓷空心球的流程

固化后得到的单分散陶瓷颗粒包覆聚合物微球如图 7.13 所示,微球粒度为 8～40 μm。陶瓷颗粒在球体表面上紧密且均匀地组装,这是因为颗粒在稀释和搅拌过程中不可逆地吸附在油滴表面上,形成牢固且稳定的包覆层。

基于油包水结构的光敏乳液,通过去离子水稀释,可以获得另一种空心

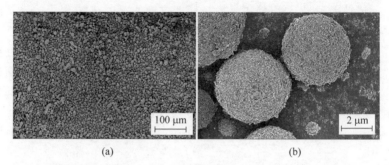

(a)　　　　　　　　　　(b)

图 7.13　以光敏树脂为油相的水包油乳液制备的单分散陶瓷包覆聚合物微球的微观结构
制备条件(质量分数)：水油两相的体积比为 3∶7,戊酸含量为 0.33%
(a) 低倍 SEM 照片；(b) 单个固化微球的 SEM 照片

球,如图 7.14 所示。在这种情况下,分离得到的实际是一定数量的油包水的小液滴组成的"多胞胎"乳滴,其内部含有连续的光敏树脂和分离的水滴。在 405 nm 波长的紫外光的照射下,光敏树脂固化,烧结后获得具有多个孔洞的空心球,这里称为聚空心球,其球体尺寸为 50～150 μm,堆积密度为 0.69 g/cm^3。图 7.15(b)和(c)显示了内部具有多个孔结构的陶瓷空心球的典型形态。

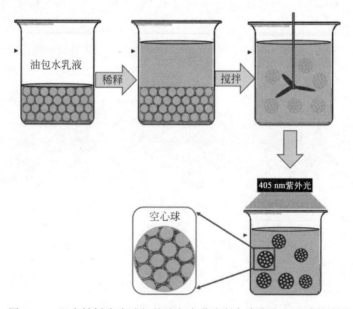

图 7.14　以光敏树脂为油相的油包水乳液制备陶瓷聚空心球的流程

(a)

(b) (c)

图 7.15 光敏树脂为油相的油包水乳液制备陶瓷聚空心球的宏观照片
制备条件(质量分数):水油两相体积比为 4∶6,戊酸含量为 0.5%,烧结温度 1200℃
(a)及微观形貌(b)和(c)箭头指示空心结构

　　之前的研究论证了使用光敏树脂或者水基光敏溶液可以分别使油相和水相固化,从而使颗粒稳定的泡沫浆料/乳液固化以保持其内在结构。显然,同时使用光敏树脂和光敏水溶液作为油相和水相进行光固化也是可行的。本研究以铝溶胶纳米颗粒作为稳定粒子,以光敏树脂 PPTTA 作为油相,以含有 AM 和 MBAM 的光敏型水溶液为水相,同样可以制备颗粒稳定的乳液,研究中将其称为两相可光固化乳液。值得强调的是,由于 405 nm 单光源对光敏树脂有理想的固化效果,而 365 nm 单光源对 AM 和 MBAM 的光敏水溶液有很好的固化效果,因此对于两相可光固化乳液而言,在固化时需同时使用 405 nm 和 365 nm 两种光源进行照射,以达到最佳固化效果。两相可光固化乳液制备的泡沫陶瓷同样具有均匀的孔结构,孔径为 5～20 μm,如图 7.16 所示。

　　基于两相可光固化陶瓷颗粒稳定乳液同样可以通过稀释、分散和固化,从而制得空心球,如图 7.17 和图 7.18 所示。固化的微球和随后烧结制备的陶瓷空心球(也称陶瓷胶囊)具有微米级尺寸,堆积密度为 0.126 g/cm³,

图 7.16   两相可光固化乳液制备的泡沫陶瓷的 SEM 照片

制备条件(质量分数):30%铝溶胶,0.5%戊酸,水油两相体积比是 2∶1,烧结温度 1200℃

(a) 宏孔结构;(b) 孔壁结构,插图为固化样品的宏观照片

图 7.17   基于两相可光固化铝溶胶纳米颗粒稳定乳液制备的光固化微球的 SEM 照片

制备条件(质量分数):30%铝溶胶,0.5%戊酸,水油两相体积比是 3∶2,光照固化时间 3 min

(a) 微球良好的球形度;(b) 微球表面紧密组装的纳米颗粒

图 7.18   基于两相可光固化铝溶胶纳米颗粒稳定乳液制备 Al_2O_3 陶瓷

空心球的微观形貌

制备条件(质量分数):30%铝溶胶,0.5%戊酸,水油两相体积比是 3∶2,烧结温度 900℃

(a) 微球良好的球形度;(b) 微球的空心结构和较薄的孔壁(如箭头所示)

箭头标记的胶囊展示了其中空结构。

　　使用铝溶胶纳米颗粒作为陶瓷原料,可赋予空心球巨大的比表面积,900℃烧结后,勃姆石相的纳米粒子转变为 γ-Al$_2$O$_3$。γ-Al$_2$O$_3$ 空心球的比表面积高达 323.18 m^2/g,这是因为空心球的壳层中存在大量的介孔,如图 7.19 所示。介孔的平均孔径为 4 nm,介孔的存在提供了大量的通道,将空心球的内部空隙与外部空间连接起来,空心球的中空结构和巨大的比表面积使得这种材料有望用作吸附、催化和缓释材料。

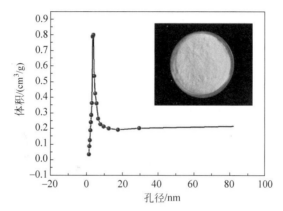

图 7.19　基于两相可光固化铝溶胶纳米颗粒稳定乳液制备的陶瓷空心球的
　　　　　介孔孔径分布
制备条件(质量分数):30%铝溶胶,0.5%戊酸,水油两相体积比为 3:2,烧结温度 900℃
插图为铝溶胶空心球的宏观照片

　　虽然这种新的制备空心球的方法制备的空心球尺寸不如奥斯特瓦尔德熟化法和微流控技术那样均匀。然而,该方法仍具有独特的优势,诸如不需要严苛的反应条件,无须特殊设备,生产时间短,具有大规模生产的潜力。

7.5　本 章 小 结

　　本研究首次提出并制备了具有光固化特性的陶瓷颗粒稳定泡沫浆料/乳液,通过使用光敏低聚物作为油相或含有 AM 体系的光敏水溶液作为水相,以合适疏水性的陶瓷颗粒稳定油-水或气-水界面,赋予了乳液和泡沫浆料光敏性及稳定性。

　　本章通过调控颗粒疏水性和水油两相比例来调控光敏颗粒稳定乳液的相结构,研究表明粉体疏水性的增加和乳液中水相比例的增加有利于形成油包水的结构。相反,在保证稳定性的前提下适当降低粉体疏水性和水相的比例有利于形成水包油结构。所制备的陶瓷颗粒稳定泡沫浆料/乳液在适宜的光源的催化下可以快速固化,因此这种方法有望结合快速发展的光固化 3D 打印技术,用于 3D 打印具有泡沫骨架和复杂形状的轻质泡沫陶瓷材料。

基于光敏陶瓷颗粒稳定乳液,通过去离子水稀释乳液,得到分散的小乳滴,再利用颗粒组装乳滴的稳定性和光敏特性使其在紫外光催化下快速固化,从而获得微米级陶瓷空心球。合成了具有平均孔径为 4 nm 的介孔结构和较大的比表面积(323.18 m^2/g)的 Al$_2$O$_3$ 陶瓷空心球。这种新型空心球合成方法具有成本低、无须特殊装置、合成周期短以及工艺简单等优点,特别是具有大规模生产的潜力。

第8章 结 论

　　泡沫陶瓷材料因具有轻量化和多孔结构的特点在越来越多的工程技术领域成为一种不可或缺的轻质材料。泡沫陶瓷气孔率水平的提升,力学性能的改善,孔结构的调控和优化是该领域急需解决的重点和难点。本书采用成本低、工艺简便的颗粒稳定泡沫法,以 SDS 修饰颗粒制备超稳定的泡沫浆料,得到气孔率水平和力学性能具有显著优势的轻质高强泡沫陶瓷,并在调控和优化孔结构的基础上阐明了大幅提升力学性能的机理。主要创新成果如下。

　　(1) 创新性地采用无毒长链表面活性剂 SDS 对 Al_2O_3 颗粒表面和 ZrO_2 颗粒表面进行疏水化修饰,成功地制备了超稳定的泡沫浆料。SDS 具有超强的发泡能力,并在陶瓷颗粒表面具有很强的特性吸附,可以有效提高粉体的疏水性。pH 值影响粉体表面化学状态,进而对 SDS 在粉体表面的吸附行为有决定性的影响,最终决定了陶瓷泡沫浆料稳定性。固相含量和泡沫气-液界面总铺展面积相匹配是实现颗粒对气泡紧密组装以及制备超稳定泡沫浆料的基础。

　　(2) 提出了颗粒表面电位对泡沫稳定性影响的理论。大量实验论证了颗粒 zeta 电位低于 30 mV 是泡沫稳定的前提,30～40 mV 是稳定泡沫与不稳定泡沫的过渡区间,颗粒 zeta 电位大于 40 mV 会导致颗粒间产生较强排斥作用,阻止了颗粒在气-液界面形成紧密颗粒组装网络,进而影响气-液界面稳定性。此外,在浆料等电点的条件下成功制备了具有均匀孔壁、无团聚的泡沫,提出了被吸附的长链表面活性剂在陶瓷颗粒之间起到一定位阻作用的理论。以上研究完善并发展了颗粒稳定泡沫理论,为制备超稳定泡沫和孔壁均匀无团聚的泡沫陶瓷提供了理论指导。

　　(3) 基于 SDS 超强的发泡能力及 Al_2O_3 泡沫浆料和 ZrO_2 泡沫浆料的超稳定性,首次制备了气孔率高达 99% 的高气孔率的 Al_2O_3 泡沫陶瓷、ZrO_2 泡沫陶瓷以及 ZrO_2 增韧 Al_2O_3 复合泡沫陶瓷。通过调控 SDS 添加量和固相含量以及烧结温度等实现了对泡沫陶瓷的性能调控,并解释了调控机理。制备了气孔率为 95.0%,抗压强度为 1.5 MPa 的 Al_2O_3 泡沫陶瓷，气孔率为 97.5%，抗压强度为 0.6 MPa 的 ZrO_2 泡沫陶瓷及气孔率为 96.7%，抗压强度为 1.11 MPa 的 ZrO_2/Al_2O_3 复合泡沫陶瓷。在国际上首次揭示了当气孔率增加到 95% 以上时，抗压强度与气孔率呈线性关系。通过水化反应、琼脂凝胶和 PVA 冷冻解冻三种方法有效提高了超轻 Al_2O_3 泡沫坯体强度，特别是 PVA 冷冻解冻工艺形成的 PVA 微结晶体能够大幅地提高坯体的强度。

（4）以铝溶胶纳米颗粒为泡沫稳定剂制备了稳定泡沫及泡沫陶瓷。以低固相含量铝溶胶制备了气孔率为 98%～99%、具有高比表面积（180～280 m^2/g）和纳米孔壁的类气凝胶泡沫材料，该材料对极性 VOC 气体具有优良的吸附能力。另外，其超高的气孔率、超薄的孔壁、封闭的宏孔结构、纳米晶粒以及孔壁上的大量介孔使其成为优良的保温材料。这种铝溶胶制备的新型泡沫陶瓷因其所具有的多级孔结构、纳米晶粒以及均匀的小尺寸球形孔而具有前所未有的高强度。气孔率 80.7% 的泡沫陶瓷抗压强度高达 66.7 MPa，是目前国际上报道的力学性能最好的 Al_2O_3 泡沫陶瓷材料。

（5）基于泡沫的稳定性、高模量和高屈服应力，通过泡沫浆料直写成型技术实现了具有复杂形状和精细宏观结构 3D 泡沫陶瓷的制备，实现了宏观结构和微观结构的多层次调控。此外，还首次提出并制备了具有可光固化特性的陶瓷颗粒稳定的泡沫/乳液，采用光敏型低聚物作为油相或含有单体 AM 的水溶液作为水相，利用陶瓷颗粒稳定油-水或气-水界面，赋予了乳液和泡沫光敏性和稳定性，为光固化打印泡沫陶瓷奠定了基础。

本书以 SDS 制备新型轻质泡沫陶瓷材料，提高了泡沫陶瓷的气孔率水平，并通过孔结构的设计和优化大幅地提高了泡沫陶瓷的力学性能，解决了在提高气孔率的同时如何保证材料较高机械强度的关键问题，并为制备复杂形状和精细结构的 3D 打印泡沫陶瓷奠定了基础。本书制备的多种新型泡沫材料具有优异的综合性能，在耐火保温、环境治理和复合材料等领域具有可观的应用前景。

参 考 文 献

[1] 韩桂芳,陈照峰,张立同,等.高温透波材料研究进展[J].航空材料学报,2003,
    23(1):57-62.

[2] Kim H,Lee S,Han Y,et al. Control of pore size in ceramic foams:influence of
    surfactant concentration[J]. Mater. Chem. and Phys. ,2009,113(1):441-444.

[3] Vogt U,Gorbar M,Dimopoulos-Eggenschwiler P,et al. Improving the properties
    of ceramic foams by a vacuum infiltration process[J]. J. Eur. Ceram. Soc. ,2010,
    30(15):3005-3011.

[4] Colombo P. Conventional and novel processing methods for cellular ceramics[J].
    Philos Trans A Math Phys Eng Sci,2006,364(1838):109-124.

[5] Bernardo E,Castellan R,Hreglich S,et al. Sintered sanidine glass-ceramics from
    industrial wastes[J]. J. Eur. Ceram. Soc. ,2006,26(15):3335-3341.

[6] Ducman V,Mladenovič A,Šuput J S. Lightweight aggregate based on waste glass
    and its alkali-silica reactivity[J]. Cement Concrete Res. ,2002,32(2):223-226.

[7] Gonzenbach U T,Studart A R,Tervoort E,et al. Macroporous ceramics from
    particle-stabilized wet foams[J]. J. Am. Ceram. Soc. ,2010,90(1):16-22.

[8] Studart A R,Gonzenbach U T,Tervoort E,et al. Processing routes to macroporous
    ceramics:a review[J]. J. Am. Ceram. Soc. ,2006,89(6):1771-1789.

[9] Zhang X,Huo W,Qi F,et al. Ultralight silicon nitride ceramic foams from foams
    stabilized by partially hydrophobic particles[J]. J. Am. Ceram. Soc. ,2016,99(9):
    2920-2926.

[10] Ohji T,Fukushima M. Macro-porous ceramics:processing and properties[J].
    Int. Mater. Rev. ,2008,57(2):115-131.

[11] Twigg M V,Richardson J T. Fundamentals and applications of structured ceramic
    foam catalysts[J]. Ind. Eng. Chem. Res. ,2007,46(12):4166-4177.

[12] 曾令可.多孔功能陶瓷制备与应用[M].北京:化学工业出版社,2006.

[13] Gibson L J. Biomechanics of cellular solids[J]. J. Biomech. ,2005,38(38):
    377-399.

[14] Park J K,Lee J S,Lee S I. Preparation of porous cordierite using gelcasting
    method and its feasibility as a filter[J]. J. Porous. Mat. ,2002,9(3):203-210.

[15] Arcaro S,Maia B G O,Souza M T,et al. Thermal insulating foams produced from
    glass waste and banana leaves[J]. Mat. Res,2016,19(5):1064-1069.

[16] Scheffler M,Colombo P. Cellular Ceramics: Structure,Manufacturing,Properties and Applications [M]. Weinheim, WILEY-VCH Verlag GmbH&Co. KGaA,2006.

[17] Cerroni L,Filocamo R,Fabbri M,et al. Growth of osteoblast-like cells on porous hydroxyapatite ceramics: an in vitro study[J]. Biomol. Eng. , 2002, 19 (2): 119-124.

[18] Ahmad R,Ha J H,Song I H. Enhancement of the compressive strength of highly porous Al_2O_3 foam through crack healing and improvement of the surface condition by dip-coating[J]. Ceram. Int. ,2014,40(2): 3679-3685.

[19] Mohd A A M N,Lee C H,Zainal A A,et al. Preparation and characterization of ceramic foam produced via polymeric foam replication method[J]. J. Mater. Proc. Technol. ,2008,207(1): 235-239.

[20] Wu Z,Sun L C,Tian Z L,et al. Preparation and properties of reticulated porous gamma-$Y_2Si_2O_7$ ceramics with high porosity and relatively high strength[J]. Ceram. Int. ,2014,40(7): 10013-10020.

[21] Banno H. Effects of shape and volume fraction of closed pores on dielectric, elastic,and electromechanical properties of dielectric and piezoelectric ceramics-a theoretical approach[J]. Am. Ceram. Soc. Bull. ,1987,66(9): 1332-1337.

[22] Li S,Wang C A, Zhou J. Effect of starch addition on microstructure and properties of highly porous alumina ceramics[J]. Ceram. Int. ,2013,39(8): 8833-8839.

[23] Kim J G,Kwon Y J,Oh J H,et al. Sintering behavior and electrical properties of porous (Ba,Sr)(Ti,Sb)O_3 ceramics produced by adding corn-starch[J]. Mater. Chem. Phys. ,2004,83(2): 217-221.

[24] Stanculescu R,Ciomaga C E,Padurariu L,et al. Study of the role of porosity on the functional properties of (Ba,Sr)TiO_3 ceramics[J]. J. Alloy. Compd. ,2015, 643: 79-87.

[25] Min W,Dong Z, Han D, et al. Preparation of porous nano-barium-strontium titanate and its adsorption behavior for cadmium ion in water[J]. J. Chin. Ceram. Soc. ,2010,38(2): 305-309.

[26] Binks B P. Particles as surfactants-similarities and differences[J]. Curr. Opin. Colloid Interface Sci. ,2002,7(1-2): 21-41.

[27] Gonzenbach U T,Studart A R,Steinlin D,et al. Processing of particle-stabilized wet foams into porous ceramics [J]. J. Am. Ceram. Soc. , 2007, 90 (11): 3407-3414.

[28] Gonzenbach U T,Studart A R,Tervoort E,et al. Tailoring the microstructure of particle-stabilized wet foams[J]. Langmuir,2007,23(3): 1025-1032.

[29] Ma N,Deng Y,Liu W,et al. A one-step synthesis of hollow periodic mesoporous

organosilica spheres with radially oriented mesochannels[J]. Chem. Commun. ，2016,52(17)：3544-3547.

[30] Holtze C. Large-scale droplet production in microfluidic devices-an industrial perspective[J]. J. Appl. Phys. ,2013,46(11)：114008.

[31] Huo W,Zhang X,Chen Y,et al. Novel mullite ceramic foams with high porosity and strength using only fly ash hollow spheres as raw material[J]. J. Eur. Ceram. Soc. ,2018,38(4)：2035-2042.

[32] Cochran J K. Ceramic hollow spheres and their applications[J]. Curr. Opin. Solid St. Mater. Sci. ,1998,3(5)：474-479.

[33] Zhang X Y,Lan T,Li N,et al. Porous silica ceramics with uniform pores from the in-situ foaming process of silica poly-hollow microspheres in inert atmosphere [J]. Mater. Lett. ,2016,182：143-146.

[34] Wang C,Liu J,Du H,et al. Effect of fly ashcenospheres on the microstructure and properties of silica-based composites [J]. Ceram. Int. , 2012, 38 (5)：4395-4400.

[35] Ivo T,Jan L,Steven M. Producing ceramic foams with hollow spheres[J]. J. Am. Ceram. Soc. ,2010,87(1)：170-172.

[36] Sanders W,Gibson L. Mechanics of BCC and FCC hollow-sphere foams[J]. Mater. Sci. Eng. A,2003,352(1)：150-161.

[37] 李颖华,黄剑锋,曹丽云. 利用粉煤灰漂珠合成莫来石的研究[J]. 非金属矿，2009,32(14)：29-30.

[38] Qian H,Cheng X,Zhang H,et al. Preparation of porous mullite ceramics using fly ash cenosphere as a pore-forming agent by gelcasting process[J]. Int. J. App. Ceram. Tec. ,2014,11(5)：858-863.

[39] Qi F,Xu X,Xu J,et al. A novel way to prepare hollow sphere ceramics[J]. J. Am. Ceram. Soc. ,2014,97(10)：3341-3347.

[40] Shao Y,Jia D,Zhou Y,et al. Novel method for fabrication of silicon nitride/silicon oxynitride composite ceramic foams using fly ash cenosphere as a pore-forming agent[J]. J. Am. Ceram. Soc. ,2008,91(11)：3781-3785.

[41] Sun Z,Fan J, Yuan F. Three-dimensional porous silica ceramics with tailored uniform pores：Prepared by inactive spheres[J]. J. Eur. Ceram. Soc. ,2015,35(13)：3559-3566.

[42] Sun Z, Lu C, Fan J, et al. Porous silica ceramics with closed-cell structure prepared by inactive hollow spheres for heat insulation[J]. J. Alloy. Compd. ,2016,662：157-164.

[43] Barr S A, Luijten E. Structural properties of materials created through freeze casting[J]. Acta Mater. ,2010,58(2)：709-715.

[44] Deville S. Freeze-casting of porous ceramics：a review of current achievements

and issues[J]. Adv. Eng. Mater. ,2010,10(3): 155-169.

[45] Li L W,Lu K,Walz J. Freeze casting of porous materials: review of critical factors in microstructure evolution[J]. Int. Mater. Rev. ,2012,57(1): 37-60.

[46] Zocca A,Colombo P,Gomes C M. Additive manufacturing of ceramics: Issues, potentialities,and opportunities[J]. J. Am. Ceram. Soc. ,2015,98(7): 1983-2001.

[47] Minas C,Carnelli D,Tervoort E,et al. 3D printing of emulsions and foams into hierarchical porous ceramics[J]. Adv. Mater. ,2016,28(45): 9993-9999.

[48] Gonzenbach U T,Studart A R,Tervoort E,et al. Ultrastable particle-stabilized foams[J]. Angew. Chem. Int. Edit. ,2006,45(21): 3526-3530.

[49] Gonzenbach U T,Studart A R,Tervoort E,et al. Stabilization of foams with inorganic colloidal particles[J]. Langmuir the Acs J. Surf. Colloid. ,2006,22(26): 10983-10988.

[50] Huo W L,Qi F,Zhang X Y,et al. Ultralight alumina ceramic foams with single-grain wall using sodium dodecyl sulfate as long-chain surfactant[J]. J. Eur. Ceram. Soc. ,2016,36(16): 4163-4170.

[51] Ohji T,Fukushima M. Macro-porous ceramics: processing and properties[J]. Int. Mater. Rev. ,2012,57(2): 115-131.

[52] Gonzenbach U T,Studart A R,Tervoort E,et al. Macroporous ceramics from particle-stabilized wet foams[J]. J. Am. Ceram. Soc. ,2006,90(1): 16-22.

[53] Kaptay G. Interfacial criteria for stabilization of liquid foams by solid particles [J]. Colloid. Surf. A,2003,230(1-3): 67-80.

[54] Pugh R. Foaming, foam films, antifoaming and defoaming[J]. Adv. Colloid Interface Sci,1996,64: 67-142.

[55] Vilkova N G,Elaneva S I,Karakashev S I. Effect of hexylamine concentration on the properties of foams and foam films stabilized by Ludox[J]. Mendeleev Commun. ,2012,22(4): 227-228.

[56] Studart A R, Gonzenbach U T, Tervoort E, et al. Processing routes to macroporous ceramics: a review [J]. J. Am. Ceram. Soc. , 2006, 89 (6): 1771-1789.

[57] Binks B P. Particles as surfactants-similarities and differences[J]. Curr. Opin. Colloid Interface Sci. ,2002,7(1): 21-41.

[58] Huo W,Yan S,Wu J M,et al. A novel fabrication method for glass foams with small pore size and controllable pore structure[J]. J. Am. Ceram. Soc. ,2017, 100(12): 5502-5511.

[59] Vivaldini D O,Luz A P,Salvini V R,et al. Why foams containing colloidal hydrophilic particles are unstable? [J]. Ceram. Int. ,2013,39(5): 6005-6008.

[60] Studart A R,Gonzenbach U T,Akartuna I,et al. Materials from foams and emulsions stabilized by colloidal particles[J]. J. Mater. Chem. , 2007, 17 (31):

3283-3289.

[61] Akartuna I,Studart A R,Tervoort E,et al. Macroporous ceramics from particle-stabilized emulsions[J]. Adv. Mater. ,2008,20(24): 4714-4718.

[62] Chuanuwatanakul C,Tallon C,Dunstan D E,et al. Controlling the microstructure of ceramic particle stabilized foams: influence of contact angle and particle aggregation[J]. Soft Matter,2011,7(24): 11464-11474.

[63] Sciamanna V, Nait-Ali B, Gonon M. Mechanical properties and thermal conductivity of porous alumina ceramics obtained from particle stabilized foams [J]. Ceram. Int. ,2015,41(2): 2599-2606.

[64] Tallon C,Chuanuwatanakul C, Dunstan D E, et al. Mechanical strength and damage tolerance of highly porous alumina ceramics produced from sintered particle stabilized foams[J]. Ceram. Int. ,2016,42(7): 8478-8487.

[65] Atkin R,Craig V S J,Wanless E J, et al. Mechanism of cationic surfactant adsorption at the solid-aqueous interface[J]. Adv. Colloid Interface Sci. ,2003, 103(3): 219-304.

[66] Paria S,Khilar K C. A review on experimental studies of surfactant adsorption at the hydrophilic solid-water interface [J]. Adv. Colloid Interface Sci. ,2004, 110(3): 75-95.

[67] Xu J,Zhang Y,Gan K,et al. A novel gelcasting of alumina suspension using curdlan gelation[J]. Ceram. Int. ,2015,41(9): 10520-10525.

[68] Gan K,Xu J,Gai Y J, et al. In-situ coagulation of yttria-stabilized zirconia suspension via dispersant hydrolysis using sodium tripolyphosphate[J]. J. Eur. Ceram. Soc. ,2017,37(15): 4868-4875.

[69] Vallar S,Houivet D,Fallah J E, et al. Oxide slurries stability and powders dispersion: optimization with zeta potential and rheological measurements[J]. J. Eur. Ceram. Soc. ,1999,19(6-7): 1017-1021.

[70] Gustafsson J,Mikkola P,Jokinen M,et al. The influence of pH and NaCl on the zeta potential and rheology of anatase dispersions [J]. Colloid Surf. A, 2000, 175(3): 349-359.

[71] Ahmad R,Ha J H,Song I H. Effect of valeric acid on the agglomeration of zirconia particles and effects of the sintering temperature on the strut wall thickness of particle-stabilized foam [J]. J. Eur. Ceram. Soc. , 2014, 34 (5): 1303-1310.

[72] Studart A R,Libanori R,Moreno A,et al. Unifying model for the electrokinetic and phase behavior of aqueous suspensions containing short and long amphiphiles [J]. Langmuir,2011,27(19): 11835-11844.

[73] Fujiu T,Messing G L,Huebner W. Processing and properties of cellular silica synthesized by foaming sol-gels[J]. J. Am. Ceram. Soc. ,1990,73(1): 85-90.

[74] Hannink R H,Kelly P M,Muddle B C. Transformation toughening in zirconia-containing ceramics[J]. J. Am. Ceram. Soc. ,2000,83(3): 461-487.

[75] Wang J,Stevens R. Zirconia-toughened alumina (ZTA) ceramics[J]. J. Mater. Sci. ,1989,24(10): 3421-3440.

[76] Costa Oliveira F A,Dias S,FatimaVaz M,et al. Behaviour of open-cell cordierite foams under compression[J]. J. Eur. Ceram. Soc. ,2006,26(1): 179-186.

[77] Ryshkewitch E. Compression strength of porous sintered alumina and zirconia [J]. J. Am. Ceram. Soc. ,1953,36(2): 65-68.

[78] Rice R. Comparison of stress concentration versus minimum solid area based mechanical property-porosity relations [J]. J. Mater. Sci. , 1993, 28 (8): 2187-2190.

[79] Koski A,Yim K,Shivkumar S. Effect of molecular weight on fibrous PVA produced by electrospinning[J]. Mater. Lett. ,2004,58(3): 493-497.

[80] Hrubesh L W. Aerogel applications [J]. J. Non-cryst. solids,1998, 225 (1): 335-342.

[81] Reim M,Körner W,Manara J,et al. Silica aerogel granulate material for thermal insulation and daylighting[J]. Sol. Energy,2005,79(2): 131-139.

[82] Gesser H D,Goswami P C. Aerogels and related porous materials[J]. Chem. Rev. ,1989,89(4): 765-788.

[83] Sai H,Xing L,Xiang J, et al. Flexible aerogels based on an interpenetrating network of bacterial cellulose and silica by a non-supercritical drying process[J]. J. Mater. Chem. A,2013,1(27): 7963-7970.

[84] Kistler S S. Coherent expanded aerogels and jellies[J]. Nature,1931,127(3211): 741.

[85] Poco J F,Satcher Jr J H,Hrubesh L W. Synthesis of high porosity,monolithic alumina aerogels[J]. J. Non-cryst. solids,2001,285(1-3): 57-63.

[86] Baumann T F,Gash A E,Chinn S C. Synthesis of high-surface-area alumina aerogels without the use of alkoxide precursors[J]. Chem. Mater. ,2005,17(2): 395-401.

[87] Janosovits U,Ziegler G,Scharf U,et al. Structural characterization of intermediate species during synthesis of Al_2O_3-aerogels[J]. J. Non-cryst. solids,1997,210(1): 1-13.

[88] Trombetta M, Willey R J. Characterization of silica-containing aluminum hydroxide and oxide aerogels[J]. J. Colloid Interf. Sci. ,1997,190(2): 416-426.

[89] Brailsford A,Major K. The thermal conductivity of aggregates of several phases, including porous materials[J]. Brit. J. Appl. Phys. ,1964,15(3): 313-319.

[90] Khan F I,Ghoshal A K. Removal of volatile organic compounds from polluted air [J]. J. Loss Prevent. Proc. ,2000,13(6): 527-545.

[91] Wang D, Austin C. Determination of complex mixtures of volatile organic compounds in ambient air: an overview[J]. Anal. Bioanal. Chem. ,2006,386(4): 1089-1098.

[92] Zhou X,Huang W,Shi J,et al. A novel MOF/graphene oxide composite GrO@ MIL-101 with high adsorption capacity for acetone[J]. J. Mater. Chem. A,2014, 2(13): 4722-4730.

[93] Gales L,Mendes A, Costa C. Hysteresis in the cyclic adsorption of acetone, ethanol and ethyl acetate on activated carbon [J]. Carbon, 2000, 38 (7): 1083-1088.

[94] Lee D G,Kim J H,Lee C H. Adsorption and thermal regeneration of acetone and toluene vapors in dealuminated Y-zeolite bed[J]. Sepa. Purif. Technol. ,2011, 77(3): 312-324.

[95] Hsieh C T,Chou Y W. Fabrication and vapor-phase adsorption characterization of acetone and n-hexane onto carbon nanofibers [J]. Sep. Sci. Technol. , 2006, 41(14): 3155-3168.

[96] Li L,Liu S,Liu J. Surface modification of coconut shell based activated carbon for the improvement of hydrophobic VOC removal[J]. J. Hazard. Mater. , 2011, 192(2): 683-690.

[97] Garcıa T,Murillo R,Cazorla-Amoros D,et al. Role of the activated carbon surface chemistry in the adsorption of phenanthrene [J]. Carbon, 2004, 42 (8-9): 1683-1689.

[98] Wang J,Carson J K,North M F,et al. A new approach to modelling the effective thermal conductivity of heterogeneous materials[J]. J. Heat Mass Tran. ,2006, 49(17-18): 3075-3083.

[99] Huo W,Zhang X,Chen Y,et al. Highly porous zirconia ceramic foams with low thermal conductivity from particle-stabilized foams[J]. J. Am. Ceram. Soc. ,2016, 99(11): 3512-3515.

[100] Huo W,Chen Y,Zhang Z,et al. Highly porous barium strontium titanate (BST) ceramic foams with low dielectric constant from particle-stabilized foams[J]. J. Am. Ceram. Soc. ,2018,101(4): 1737-1746.

[101] Zocca A,Colombo P, Gomes C M,et al. Additive manufacturing of ceramics: issues,potentialities, and opportunities[J]. J. Am. Ceram. Soc. , 2015, 98 (7): 1983-2001.

[102] Hu J,Chen M, Fang X, et al. Fabrication and application of inorganic hollow spheres[J]. Chem. Soc. Rev. ,2011,40(11): 5472-5491.

[103] Zhu Y,Shi J, Shen W, et al. Stimuli-responsive controlled drug release from a hollow mesoporous silica sphere/polyelectrolyte multilayer core-shell structure [J]. Angew. Chem. ,2005,117(32): 5213-5217.

[104] Yan X, Xu D, Xue D. SO42-ions direct the one-dimensional growth of $5Mg(OH)_2 \cdot MgSO_4 \cdot 2H_2O$[J]. Acta Mater. ,2007,55(17): 5747-5757.

[105] Shim T S, Kim S H, Yang S M. Elaborate design strategies toward novel microcarriers for controlled encapsulation and release[J]. Part. Part. Syst. Char. ,2013,30(1): 9-45.

[106] Hunter T N, Pugh R J, Franks G V, et al. The role of particles in stabilising foams and emulsions[J]. Adv. Colloid Interface Sci,2008,137(2): 57-81.

[107] Binks B P, Johnston S K, Sekine T, et al. Particles at oil-air surfaces: powdered oil, liquid oil marbles, and oil foam[J]. ACS Appl. Mater. Interf. ,2015,7(26): 14328-14337.

[108] Binks B P, Murakami R. Phase inversion of particle-stabilized materials from foams to dry water[J]. Nat. Mater. ,2006,5(11): 865-869.

[109] Sommer M R, Alison L, Minas C, et al. 3D printing of concentrated emulsions into multiphase biocompatible soft materials[J]. Soft matter,2017,13(9): 1794-1803.

在学期间发表的学术论文与研究成果

期刊论文

[1] **Huo Wenlong**, Zhang Xiaoyan, Gan Ke, Li Hezhen, Yan Shu, Chen Yugu, Yang Jinlong. Ceramic particle-stabilized foams/emulsions with UV light response and further synthesis of ceramic capsules[J]. Chemical Engineering Journal, 2019, 360 (15): 1459-1467. (SCI, IF=6.74)

[2] **Huo Wenlong**, Zhang Xiaoyan, Chen Yugu, Lu Yuju, Liu Wenting, Xi Xiaoqing, Wang Yali, Xu Jie, Yang Jinlong. Highly porous zirconia ceramic foams with low thermal conductivity from particle-stabilized foams[J]. Journal of the American Ceramic Society, 2016, 99(11): 3512-3515. (SCI, IF=2.96)

[3] **Huo Wenlong**, Yan Shu, Wu Jiamin, Liu Jingjing, Qu Yanan, Tang Xinyue, Yang Jinlong. A novel fabrication method for glass foams with small pore size and controllable pore structure[J]. Journal of the American Ceramic Society, 2017, 100(12): 5502-5511. (SCI, IF=2.96)

[4] **Huo Wenlong**, Chen Yugu, Zhang Zaijuan, Liu Jingjing, Yan Shu, Wu Jia-Min, Zhang Xiaoyan, Yang Jinglong. Highly porous barium strontium titanate (BST) ceramic foams with low dielectric constant from particle-stabilized foams[J]. Journal of the American Ceramic Society, 2018, 101: 1737-1746. (SCI, IF=2.96)

[5] **Huo Wenlong**, Zhang Xiaoyan, Hu Zunlan, Chen Yugu, Wang Yali, Yang Jinlong. Silica foams with ultra-large specific surface area structured by hollow mesoporous silica spheres[J]. Journal of the American Ceramic Society, 2019, 102(3): 955-961. (SCI, IF=2.96)

[6] **Huo Wenlong**, Zhang Xiaoyan, Xu Jie, Hu Zunlan, Yan Shu, Gan Ke, Yang Jinlong. In-situ synthesis of three-dimensional nanofiber-knitted ceramic foams via reactive sintering silicon foams[J]. Journal of the American Ceramic Society, 2019, 102(5): 2245-2250. (SCI, IF=2.96)

[7] **Huo Wenlong**, Zhang Xiaoyan, Hou Shiyu, Chen Yugu, Wang Yali, Yang Jinlong. Aerogel-like Ceramic Foams with Super-high Porosity and Nanoscale Cell Wall from Sol Nanoparticles Stabilized Foams[J]. Journal of the American Ceramic Society, 2019, 102: 3753-3762(SCI, IF=2.96)

[8] **Huo Wenlong**, Qi Fei, Zhang Xiaoyan, Ma Ning, Gan Ke, Qu Yanan, Xu Jie, Yang Jinlong. Ultralight alumina ceramic foams with single-grain wall using sodium

dodecyl sulfate as long-chain surfactant[J]. Journal of the European Ceramic Society,2016,36(16): 4163-4170. (SCI,IF=3.79)

[9] **Huo Wenlong**,Zhang Xiaoyan,Chen Yugu,Lu Yuju,Liu Jingjing,Yan Shu,Wu Jia-Min, Yang Jinlong. Novel mullite ceramic foams with high porosity and strength using only fly ash hollow spheres as raw material[J]. Journal of the European Ceramic Society,2018,38(4): 2035-2042. (SCI,IF=3.79)

[10] **Huo Wenlong**, Zhang Xiaoyan, Gan Ke, Chen Yugu, Lu Yuju, Xu Jie, Yang Jinlong. Effect of zeta potential on properties of foamed colloidal suspension[J]. Journal of the European Ceramic Society,2019,39(2-3): 574-538. (SCI,IF=3.79)

[11] **Huo Wenlong**,Zhang Xiaoyan, Gan Ke, Wang Dong, Chen Yugu, Yang Jinlong. Mechanical strength of highly porous ceramic foams with thin and lamellate cell wall from particle-stabilized foams[J]. Ceramic International,2018,44(5): 5780-5784. (SCI,IF=3.06)

[12] **Huo Wenlong**,Zhang Xiaoyan,Chen Yugu, Hu Zunlan,Wang Dong,Yang Jinlong. Ultralight and high-strength bulk alumina/zirconia composite ceramic foams through direct foaming method[J]. Ceramic International, 2019, 45(1): 1464-1467. (SCI,IF=3.06)

[13] **Huo Wenlong**,Zhang Xiaoyan, Ren Bo, Liu Jingjing, Wang Dong, Yang Jinlong. Preparation of ultra-stable foams stabilized by large-size platelet particles via direct foaming method[J]. Journal of Ceramic Science and Technology,Accepted. (SCI,IF=1.22)

[14] **Huo Wenlong**,Chen Yugu,Yang Jinlong,Huang Yong. Enhancement of ultra-light alumina dried foams from particle-stabilized foams with Assistance of Agar and PVA[J]. International Journal of Applied Ceramic Technology,2017,14: 928-937. (SCI,IF=1.17)

[15] **Huo Wenlong**,Zhang Xiaoyan, Lan Tian, Zhang Zaijuan, Yan Shu, Xu Jie, Yang Jinlong. Preparation and properties of alumina ceramic foams prepared with cetyl sodium sulfate[J]. Rare Metal Materials and Engineering,2018,47(S1): 27-31. (SCI,IF=0.29)

[16] Chen Yugu,**Huo Wenlong**,Zhang Xiaoyan, Lu Yuju, Yan Shu, Liu Jingjing,Gan Ke, Yang Jinlong. Ultrahigh-Strength Alumina Ceramic Foams via Gelation of Foamed Boehmite Sol[J]. Journal of the American Ceramic Society, DOI: 10.1111/jace.16378 (SCI,IF=2.96)

[17] Zhang Xiaoyan,**Huo Wenlong**,Chen Yugu, Hu Zunlan, Gan Ke, Wang Yali, Liu Jingjing, Yang Jinlong. Novel micro-spherical Si_3N_4 nanowire sponges from carbon-doped silica sol foams via reverse templating method[J]. Journal of the American Ceramic Society,2019,102(3): 962-969. (SCI,IF=2.96)

[18] Zhang Xiaoyan,**Huo Wenlong**,Yan Shu,Chen Yugu, Gan Ke, Liu Jingjing, Yang

Jinlong. Innovative application of PVA hydrogel for the forming of porous Si_3N_4 ceramics via freeze-thaw technique[J]. Ceramics International,2018,44: 13409-13413. (SCI,IF=3. 06)

[19] Yan Shu,**Huo Wenlong**,Yang Jinlong,Zhang Xiaoyan,Wang Qinggang,Wang Lu, Pan Yiming,Huang Yong. Green synthesis and influence of calcined temperature on the formation of novel porous diatomite microspheres for efficient adsorption of dyes[J]. Powder technology,2018,329(15): 260-269. (SCI,IF=3. 23)

[20] Zhang Xiaoyan,**Huo Wenlong**, Lu Yuju, Gan Ke, Yan Shu, Liu Jingjing, Yang Jinlong. Porous Si_3N_4-based ceramics with uniform pore structure originated from single-shell hollow microspheres[J]. Journal of Materials Science,2019,54(6): 4484-4494. (SCI,IF=2. 99)

[21] Zhang Xiaoyan,**Huo Wenlong**,Qi Fei,Qu Yanan,Xu Jie,Gan Ke,Ma Ning,Yang Jinlong. Ultralight silicon nitride ceramic foams from foams stabilized by partially hydrophobic particles[J]. Journal of the American Ceramic Society,2016,99(9): 2920-2926. (SCI,IF=2. 96)

[22] Liu Jingjing,**Huo Wenlong**, Ren Bo, Gan Ke, Lu Yuju, Zhang Xiaoyan, Tang Xinyue,Yang Jinlong. A novel approach to fabricate porous alumina ceramics with excellent properties via pore-forming combined with sol impregnation [J]. Ceramics International,2018,44(14): 16751-16757. (SCI,IF=3. 06)

[23] Zhang Xiaoyan,**Huo Wenlong**, Gan Ke, Wang Yali, Hu Zunlan, Yang Jinlong. Si_3N_4 hollow microsphere toughened porous ceramics from direct coagulation method via dispersant reaction [J]. Advanced Engineering Materials, DOI: 10. 1002/adem. 201800858. (SCI,IF=2. 58)

[24] Liu Jingjing,**Huo Wenlong**,Zhang Xiaoyan,Ren Bo. Optimal design on the high-temperature mechanical properties of porous alumina ceramics based on fractal dimension analysis[J]. Journal of Advanced Ceramics,2018,7(2): 89-98. (SCI, IF=1. 61)

[25] Qu Yanan,**Huo Wenlong**,Xi Xiaoqing,Gan Ke,Ma Ning,Hou Bozhi,Su Zhenguo, Yang Jinlong. Preparation of ultra-light ceramic foams from waste glass and fly ash. High porosity glass foams from waste glass and compound blowing agent [J]. Journal of Porous Materials,2016,23(6): 1451-1458. (SCI,IF=1. 86)

[26] Zhang Xiaoyan,**Huo Wenlong**,Lan Tian,Cui Jie,Gan Ke,Yan Shu,Yang Jinlong. Pore morphology design of porous Si_2N_2O ceramics via silica poly-hollow microspheres[J]. Rare Metal Materials and Engineering,2018,47(S1): 41-44. (SCI,IF=0. 29)

[27] Ren Bo,Liu Jingjing,**Huo Wenlong**,Gan Ke,Yan Shu,Chen Yugu,Lu Yuju,Yang Jinglong, Huang Yong. Facile fabrication of nanofibrous network reinforced hierarchical structured porous Si_3N_4-based ceramics based on Si-Si_3N_4 binary

particle stabilized foams[J]. Ceramics International, DOI: 10. 1016/j. cej. 2016. 12. 063. (SCI,IF＝3. 06)

[28]　Ren Bo, Liu Jingjing, **Huo Wenlong**, Gan Ke, Yan Shu, Chen Yugu, Lu Yuju, Yang Jinglong, Huang Yong. Three-dimensional （3D） flexible nanofibrous network knitting on hierarchical porous architecture[J]. Journal of the American Ceramic Society,DOI：10. 1111/jace. 16138. (SCI,IF＝2. 96)

[29]　Lu Yuju,Gan Ke,**Huo Wenlong**,Lv Lin,Liu Jingjing,Zhang Xiaoyan,Yan Shu, Yang jinlong. Dispersion and gelation behavior of alumina suspension with Isobam [J]. Ceramics International,2018,44(10)：11357-11363. (SCI,IF＝3. 06)

专利

[1]　杨金龙,**霍文龙**,陈雨谷,张笑妍,干科,鲁毓钜,席小庆,王亚利. 一种轻质高强氧化锆增强氧化铝多孔陶瓷的制备方法：中国,201611070374.6[P].

[2]　杨金龙,**霍文龙**,林鸿福,郑文贵,魏亚蒙,王亚利. 具有保温性能的日用多孔复合陶瓷及其制作方法：中国,201610850059.9[P].

[3]　杨金龙,**霍文龙**,张笑妍,任博,王亚利,席小庆. 一种利用中空微球制备具有连通孔壁泡沫陶瓷的方法：中国,201810883586.9[P].

[4]　杨金龙,**霍文龙**,陈雨谷,鲁毓钜,张在娟,闫姝,席小庆,王亚利. 一种以废玻璃为原料制备微米级气孔结构可调的泡沫玻璃的方法：中国,201710334878.2[P].

[5]　杨金龙,**霍文龙**,张笑妍,陈雨谷,刘静静,张在娟,闫姝,席小庆,王亚利. 一种增强超轻泡沫陶瓷坯体强度的方法：中国,201710352108.0[P].

[6]　杨金龙,**霍文龙**,张笑妍,陈雨谷,席小庆,王亚利. 一种与气凝胶媲美的多级孔氧化铝泡沫陶瓷的制备方法：中国,201810196262.8[P].

[7]　杨金龙,**霍文龙**,张笑妍,胡尊兰,任博,席小庆,王亚利. 一种氧化硅或氮化硅泡沫陶瓷材料的制备方法：中国,201810380379.1[P].

[8]　杨金龙,**霍文龙**,张笑妍,干科,陈雨谷,席小庆,王亚利. 一种制备泡沫氧化铝和泡沫铝/氧化铝复合材料的方法：中国,201810384689.0[P].

[9]　杨金龙,**霍文龙**,张笑妍,陈雨谷,席小庆,王亚利. 一种光敏性颗粒稳定乳液及薄壁空心球的制备方法：中国,201810414616.1[P].

[10]　杨金龙,**霍文龙**,张笑妍,陈雨谷,席小庆,王亚利. 一种反向模板法制备纳米线编织微球的陶瓷海绵材料方法：中国,201810883488.5[P].

[11]　杨金龙,**霍文龙**,林鸿福,郑文贵,魏亚蒙,张笑妍. 一种旋转离心注浆设备：中国,ZL201621079835.1[P].

致　　谢

衷心感谢导师杨金龙教授对我莫大的帮助和支持,以及在科研工作上给予的指导和建议。感谢杨老师和黄勇老师对本论文的精心修改。杨老师和黄老师在科研上的远见卓识令我受益终身,他们严谨认真、精益求精的精神是我学习的榜样。感谢苏黎世联邦理工大学(ETH-Zurich)的 Studart André R 教授和 Tervoort Elena 博士对我的帮助,并感谢他们为我提供的宝贵学术交流机会,我在 ETH-Zurich 访学期间开阔了视野,提升了学术素养。

感谢高级工程师席小庆、申殿军以及工程师王亚利对我的科研工作和日常生活的关怀。感谢课题组人员齐飞、许杰、马宁、吴甲民、干科、渠亚男、闫姝、张月、陈雨谷、张曙豪、李亚杰、刘静静、任博、鲁毓钜、李阳、徐星星、苏振国、郑玉、张由飞、刘文婷、兰天、戎烨东、王璐、苏亮和张辛玥等所有课题组人员对我课题研究的帮助。

感谢冉洲、胡尊兰、陈双、侯诗宇、林鸿福、郑文贵、徐银华、Silvan、Julia、Peter、黄泽亚、韩耀、李禹彤、李和祯、王泽朝、董奇正、魏亚蒙和胡可辉等人在优质原料供应、仪器使用、测试分析服务以及英语科技论文写作等方面为我提供的无偿帮助,这些帮助让我进一步体会到学科交叉和跨领域合作的重要性。

感谢我的家人、朋友以及所有关心我的人,你们是我最宝贵的财富,也是我不断前进的动力,我一定会不负众望。

本研究承蒙清华大学新兴远建轻质新材料联合研究院的大力支持,也感谢国家自然科学基金项目(51572140)及中国博士后科学基金项目(2018M630154,2018M630149,2017T100550 和 2017M610085)的资助,特此致谢!